乡村振兴之新型职业农民培育丛书

规模化羊场兽医保健技术指南

◎ 刘根强　李 岩　张鲁安　主编

中国农业科学技术出版社

图书在版编目（CIP）数据

规模化羊场兽医保健技术指南 / 剡根强，李岩，张鲁安主编. — 北京：中国农业科学技术出版社，2019.3

ISBN 978-7-5116-4048-2

Ⅰ. ①规… Ⅱ. ①剡… ②李… ③张… Ⅲ. ①羊病 – 兽医学 – 指南 Ⅳ. ① S858.26-62

中国版本图书馆CIP数据核字（2019）第029891号

责任编辑　崔改泵
责任校对　贾海霞

出 版 者　中国农业科学技术出版社
　　　　　北京市中关村南大街12号　邮编：100081
电　　话　（010）82109194（编辑室）（010）82109702（发行部）
　　　　　（010）82109709（读者服务部）
传　　真　（010）82106650
网　　址　http://www.castp.cn
经 销 者　各地新华书店
印 刷 者　北京富泰印刷有限责任公司
开　　本　880mm × 1230mm　1 /32
印　　张　3.75
字　　数　108千字
版　　次　2019年3月第1版　2019年3月第1次印刷
定　　价　39.80元

本著作为兵团重大项目《肉羊规模化高效生产综合配套技术集成创新与示范项目（2013AA003）》的研究成果之一

编 委 会

主编： 剡根强　李　岩　张鲁安

参编： 齐亚银　刘贤侠　剡文亮　金庭辉

蒋　松　冯广余　李　静　刘良波

前　言

肉羊产业一直是新疆的优势产业及传统畜牧产业。2016年年底，新疆存栏3 915.70万只羊，出栏3 612.82万只羊，羊肉产量达58.31万吨，占全国羊肉总产的12.69%。但近年来随着农区规模化全舍饲养羊的不断发展，羊只引进频繁，羊群饲养密度不断增大，病原体感染随之上升，环境、营养、管理、感染等多种因素对规模化养羊生产带来较大影响，也给羊场兽医诊断与疾病防控带来一定工作难度与压力，因此有必要编辑出版一本针对规模化养羊兽医保健的技术指南。

规模化羊场兽医保健技术指南是新疆生产建设兵团重大攻关项目“规模化养羊高发疾病控制与兽医保健配套技术研究（9808101-5）”“肉羊规模化高效生产综合配套技术集成创新与示范项目（2013AA003）”的研究成果之一。该指南针对近年来南北疆垦区规模化养羊，尤其是肉羊生产中羊群健康问题及疾病发生特点，研究提出了集环境控制、营养保健、免疫预防、疾病检测为一体的绵羊综合保健技术，涉及羊群重要疫病防控程序；种公羊、围产期母羊、哺乳羔羊、育肥羔羊的保健技术及40余种疾病鉴别诊断及实验室诊断要点，配有部分由编者拍摄的图片，并对羊场疾病现场调查、现场诊断及病料采集也进行了专题论述。该指南既可作为规模化羊场兽医保健的配套技术，也可作为单项技术选择性参考，既体现了指南的科学性与先进性，又具有实用性与可操作性特点。可望成为羊场兽医、技术管理人员、兽药与饲料售后服务人员的常备技术手册。

该指南虽是编者多年来从事羊病科学研究的成果及临床实践的结晶，但作为一套兽医保健技术，还需要经受养羊生产与临床实践的检验，并在运用中进一步修改完善。

由于编者水平有限，书中难免存在缺点、错失和疏漏之处，敬请读者批评指正。

编　者

2019年1月

目　录

第一章　规模化羊场兽医保健概述

一、畜禽健康与疾病的概念

随着规模化养殖业的不断发展，畜禽健康与疾病的概念也发生了转变，动物畜群处于最佳的生产性能状态时则表明健康。而无论何种原因导致其生理功能紊乱，产生明显或不明显的病理损伤和临床症状，使其不能达到应有的生产性能或生产性能下降时均视为不健康或疾病。这种对疾病的认识与传统兽医学中描述的疾病概念，其内涵与外延均发生了变化，它对于及时查明影响畜禽生产性能的原因，更好地做好兽医保健工作，具有一定的实际意义，同时也有助于兽医职能的转变。

二、规模化舍饲羊场疾病发生的原因

（1）病原体：细菌、支原体、衣原体、病毒、真菌及其毒素、寄生虫等。

（2）有毒物质：农药、重金属盐类、毒草等。

（3）营养性因素：蛋白质、能量、维生素、微量元素、矿物质等。

（4）环境因素：气候、舍内温度、湿度、光照、通风、卫生、噪声、有害气体等。

（5）管理性因素：饲养方式、羊舍建筑、机械损伤、管理环节失误（如断脐、断尾、剪毛、药浴、免疫接种、运输）等。

（6）遗传性因素：绵羊品种、性别、年龄等。

三、规模化舍饲羊场疾病发生的特点及其种类

（1）营养代谢病增多：饲草料单一，营养不全引起的各种缺乏症，如母羊低钙血症、妊娠毒血症、白肌病、低镁血症等；为快速育肥盲目增加谷物饲料而引发乳酸性酸中毒、肠毒血症等。

（2）传染性呼吸系统疾病增多：舍饲羊群密度过大，圈舍通风不良、长途运输、受不良气候等环境应激性因素影响，引发传染性

胸膜肺炎、巴氏杆菌性肺炎增多。

（3）混合感染及多因素联合致病病例增多：表现为无典型一致的临床症状，病羊表现口腔、皮肤与黏膜溃疡，腹泻、咳喘、神经症状、贫血、发育不良或突然死亡等，给现场诊断带来困难。

四、羊场兽医卫生保健的对象

（1）羊群：包括种公羊、围产期母羊、哺乳羔羊、断奶羔羊及育肥羊。

（2）羊群所处的内外环境：包括羊舍的建筑设计、采光、通风、保暖、供料、供水、排污、免疫注射通道等设施的合理性。

（3）饲草料、饮水、各类添加剂及兽药的卫生安全。

（4）兽医、配种员及饲养人员的健康状况。

五、羊场兽医卫生保健的工作任务

羊群保健是规模化羊场兽医工作的中心任务。兽医人员通过制订与贯彻执行各项兽医卫生保健技术措施来完成下列任务。

（1）防止绵羊重要传染性疾病的发生与流行，包括外源性感染与内源性感染，减少疫病发生率。

（2）减少非传染性疾病造成的损失，包括营养性疾病、繁殖类疾病、中毒、机械创伤等。

（3）消除应激性不良因素对羊群生产的影响，包括环境、管理、卫生等带来的不良刺激，创造良好的生态环境，提高羊群的健康水平及生产效率。

（4）严格规范工作制度，避免发生各种责任事故，包括生物药品及兽药的储备、质量检查、使用记录等。杜绝使用伪劣及不合格药品，防止滥用药物及不按操作规范使用疫苗的现象发生，降低成本，节约开支，提高效益。

六、羊场兽医保健的主要内容

羊场兽医保健技术是集养羊生产、疾病防控、动物福利和规范化管理为一体的综合技术，主要包括以下内容。

（1）种羊的健康检查与疾病防控：包括常规检查，主要疫病的免疫、检疫与净化；疫苗免疫抗体水平测定，实验室诊断用病料的采集、保存及运送等。

（2）饲料、饮水及饲养环境的卫生评价：包括各种饲料、饲草、饮水等。

（3）圈舍环境指标测定与评价：包括温度、湿度、密度、通风、光照、有害气体等。

（4）羊场的消毒及效果评价：包括消毒对象、消毒药物的选择、消毒方法与程序、消毒效果的评价等。

（5）隔离饲养及生物安全措施：包括不同品种、用途、不同年龄羊只、新进羊群的分群隔离饲养，饲养人员的固定和对流动人员的控制。

（6）常用兽药及防疫物品的储备与管理：包括疫苗、消毒药、抗菌药、抗寄生虫药、各类添加剂、保健制剂的储备与质量检查；各类兽医专用器具、配种专用器具、常规及防疫应急用具的储备等。

（7）动物尸体、胎衣、粪便、污染的垫料和饲草料等废弃物的无害化处理设施及监督检查。

（8）兽医化验室、配种检验室的建立及人员培训。

（9）防疫工作计划、养殖场防疫制度的制订、实施检查与监督，兽医技术资料如种羊健康与繁殖记录、诊疗病历记录，疫苗免疫、检疫、驱虫与药物使用记录。

七、羊场兽医保健人员的职能

兽医是羊场技术管理的主要人员，是兽医保健的主要执行者。规模化羊场的兽医技术人员应具有较系统的专业知识与专业技能，既具有较扎实的兽医基本理论和丰富的临床操作实践，又懂得绵羊生产一般管理知识，具备组织与完成全场兽医技术管理、保健及疫病防治工作的能力。

羊场主管兽医除要做好兽医常规性工作（包括考勤、轮休、协调关系、检查与督促兽医工作的实施情况、药物采购、培训学习、制订科研计划等）外，还必须制订羊场兽医工作的规划、计划，兽医人员的岗位责任制，切实可行的防疫计划（包括兽医卫生、防疫、检疫、驱虫，常发病的诊治、疑难病的会诊、病料采集、送检，工作实施后的资料统计、分析、上报、存档及工作总结等）。了解周围地区的羊只流动及疫情动态。

具体包括以下工作内容。

（1）负责制订、贯彻执行养殖场各项卫生防疫制度，包括免疫、检疫、检测、消毒、驱虫程序。

（2）拟订年度兽医工作计划，包括疫苗、药物、器械的订购计划，使用及检查。

（3）负责羊群日常的健康检查、疾病诊断和防治工作。

（4）各类饲料、饲草、饮水质量及卫生指标的检测。

（5）引进和推广先进的兽医诊断与防治技术。

（6）向全场饲养员及管理人员宣传讲授《动物防疫法》及各项疫病防治技术规范，普及兽医卫生防疫知识，提高饲养员业务素质，确保各项技术措施及管理制度的落实。

（7）参与羊场的布局和圈舍改建、新建项目设计、饲料质量及卫生指标的检测，确保养殖场清洁和安全的环境。

（8）参与羊场饲养管理技术措施的制订。

（9）负责兽医技术资料的记录、整理和存档保管工作。包括免疫、检疫、消毒、淘汰、无害化处理。根据上级行政和业务部门的要求及时上报统计报表，做到准确及时、实事求是，各类档案至少保存3年。

八、羊场兽医保健工作的评价

兽医卫生保健工作的成效可根据下列指标来评价。

（1）无重大传染病发生，包括口蹄疫、小反刍兽疫、绵羊痘。

口蹄疫疫苗免疫合格率应达到国家动物防疫相关的要求。

（2）布鲁氏菌病个体阳性率在0.1%以下，达到国家稳定控制要求。免疫羊群未发生布鲁氏菌性流产病例。

（3）绵羊传染性胸膜肺炎、羊梭菌性疾病、羊疥癣等高发疾病得到有效控制。

（4）羊群各类生产性能达到预期指标，包括种羊利用率、母羊繁殖率、羔羊成活率、育肥羊出栏率。

第二章　规模化羊场主要疫病防疫技术程序

一、概述

规模化羊场重点防控口蹄疫、绵羊痘、小反刍兽疫三种一类动物传染病；布鲁氏菌病、棘球蚴病两种重要人畜共患病；绵羊传染性胸膜肺炎、副结核、羊梭菌性疾病等高发疫病。这些疫病的发生不仅直接危害羊群健康，而且给人类健康、公共卫生及食品安全带来隐患。制订和实施养羊场绵羊主要疫病的防控方案，是规模化羊场兽医保健的首要任务，也是考核评估规模化羊场疫病净化与羊群健康的重要指标。

二、隔离饲养

目的：杜绝传染源，切断传播途径。

技术要点：

（1）规模化养羊场应设置专门用于新引进羊隔离观察的临时羊舍。

（2）羊场内每栋羊舍应设单独的病羊舍或隔离栏，以便于临床检查及治疗。

（3）羊场内种羊、繁殖母羊、后备母羊、育肥羊应分群隔离饲养，防止疫病交叉感染。羊场内存在两个不同品种绵羊且数量较多时也应分群饲养。

（4）杜绝从疫区引进绵羊。新引进的绵羊必须在隔离舍隔离饲养不少于3周，隔离期进行布鲁氏菌病复检，补免口蹄疫灭活疫苗，免疫后两周无任何异常后进入大群饲养。

（5）养羊场应远离养牛场及养猪场，禁止在羊场内饲养犬及其他哺乳动物。

（6）羊场内的办公区和生活区与饲草贮备区饲料加工区、养殖生产区、粪便处理区和尸体处理区应严格隔离，并按当地的风向进行布局。规模较大的羊场应设专门的兽医剖检诊断室，专门的尸体无害化处理设施并设立醒目标志。

（7）养羊场谢绝非本场人员进入养殖生产区，特殊情况需要进入时必须更换专用消毒衣、鞋，经消毒间气雾或紫外线消毒后进入生产区。

（8）养羊场禁止非生产用车进入养殖生产区，生产用车进入羊场应严格遵守消毒规范，经消毒后进入（消毒方法见后）。

三、羊群的健康检查

目的：尽早查出病羊，及时隔离治疗。

技术要点：

（1）常规性观察：重点观察绵羊精神与行为状态、站卧姿势、食欲与粪便、呼吸状态、体温等。

（2）呼吸系统检查：重点检查患羊眼结膜是否发绀、苍白或黄染；鼻腔黏膜与鼻液性质；是否咳喘，驱赶后是否加重，呼吸次数及呼吸方式（腹式或胸式），必要时进行肺部听诊，检查肺泡呼吸音强弱，有无啰音、胸膜摩擦音；通过胸部叩诊和触诊，检查有无疼痛反应，排除传染性胸膜肺炎。

（3）消化系统检查：当羊只表现腹泻时，重点检查患羊粪便的性状和色泽，有无黏性分泌物或血液，病羊腹围大小，颌下淋巴结和腹股沟淋巴结是否肿大，排除副结核及沙门氏菌感染；必要时测定体温，听诊腹部，检查肠蠕动音，叩诊和触诊腹部是否表现疼痛反应。

（4）神经系统检查：当羊只表现行为异常时，重点观察羊只站立时是否出现低头呆立，行走时是否出现共济失调，向一侧转圈，倒地时头颈偏向一侧或平直着地；站立或躺卧时间歇性出现头颈有节奏性震颤，并很快恢复正常；死前惊叫并出现角弓反张，必要时进行剖检，观察脑组织变化，排除李氏杆菌病、白肌病、酸中毒等疾病。

（5）皮肤与黏膜检查：当羊只表现流口水与鼻液，口腔溃疡时，

重点检查体温是否升高，面部、腹下等无毛处皮肤有无红斑、丘疹、水泡；背部毛密处有无结节，掉毛处皮肤有无结痂；口腔、鼻腔黏膜有无红斑、丘疹、水泡、脓疮、溃疡及结痂，剥离结痂后有无肉芽组织增生等，排除口蹄疫、羊痘、羊口疮、小反刍兽疫等疫病。

（6）蹄部与关节检查：当羊只表现跛行，重点检查蹄部与系部及系关节。膝关节有无炎性肿胀，有无破溃、坏死及脓性分泌物，蹄尖有无变形，蹄底有无磨损，蹄骨是否暴露等，排除绵羊腐蹄病、口蹄疫等疫病，如发现口蹄疫要及时上报动物防疫部门，按规定处置。

四、检疫与淘汰

目的：检疫出的布鲁氏菌病、副结核病阳性羊只及时淘汰，防止疫病在羊群中扩散。

技术要点：

（1）未免疫布鲁氏菌疫苗的羊场每年5月剪毛后，药浴前采集血清应用布鲁氏菌虎红平板凝集法，对种公羊、繁殖母羊、后备母羊进行一次布鲁氏菌病检疫，阳性者严格扑杀淘汰。

（2）当妊娠母羊群陆续出现流产、死胎、胎衣不下、子宫内膜炎病例时，应及时对可疑羊只进行布鲁氏菌病血清学检测，方法同上，必要时采集流产胎儿脾脏、真胃内容物及胎盘分泌物送专业实验室进行细菌分离鉴定或分子生物学诊断，阳性母羊应及时扑杀处理。

（3）当羊群中成年母羊陆续出现难以治愈的顽固性腹泻，患羊消瘦，体表淋巴结肿大病例时，应采用禽结核菌素进行皮内变态反应检疫有无副结核，阳性者严格扑杀处理，必要时无菌采集可疑羊直肠棉拭送专业实验室进行细菌学或分子生物学诊断。

（4）羊场应建立完善的羊群检疫与淘汰档案，详细记录检疫情况，包括被检病种、检疫方法、羊号、检疫时间、检疫单位、检疫结果、检疫试剂来源与批号，被检种羊来源、胎次、有无流产史、阳性羊的处理方法等，以便于查询及供考核评估羊群健康状况的资料。

（5）经检疫后确定为阳性羊只，应及时由羊场兽医，检疫人员会同羊场管理者向辖区兽医防疫监督部门提出书面处理报告，经核实后在兽医监督人员监督下按国家动物防疫相关条例进行无害化处理。已投保羊群，还须通过保险公司人员到现场取证备案。

五、免疫接种与免疫检测

目的：提高羊群特异性免疫力，建立羊群免疫保护屏障。

技术要点：

（1）口蹄疫免疫：采用口蹄疫灭活疫苗。羔羊在1月龄断奶时注射一次，一个月后进行第二次免疫；后备母羊及公羊首次免疫后一个月进行第二次免疫；繁殖母羊在配种前免疫一次，产前一个月免疫一次；种公羊每隔4个月免疫一次。

（2）小反刍兽疫免疫：采用小反刍兽疫弱毒疫苗。羔羊在出生后1.5月龄免疫一次；繁殖母羊在配种前免疫一次。种公羊春秋各免疫一次。

（3）绵羊痘免疫：采用羊痘鸡胚化弱毒疫苗。羔羊于出生后7~10天经尾根或股内侧皮内注射0.5ml，6天产生免疫力，免疫期可达一年以上。

（4）绵羊传染性胸膜肺炎免疫：采用绵羊肺炎支原体（MO）灭活疫苗。羔羊出生后15~20日龄免疫一次，间隔两周第二次免疫，后备母羊于6月龄加强免疫一次。

（5）羊梭菌性疾病免疫：采用羊肠毒血症、羊猝疽、羊快疫、羔羊痢疾二联四防菌苗（羊梭菌苗）于羔羊断奶时，集中育肥前、母羊配种前进行免疫。

（6）布鲁氏菌病免疫：采用布鲁氏S_2或M_5弱毒菌苗。用于布鲁氏菌阳性检出率较高的羊群，需进行计划免疫的布鲁氏菌病规划控制区域，重点是自繁自养的羊场。后备母羊经血清学检测为阴性羊只一律进行免疫，免疫前后3天避免使用抗生素，每年在配种前免疫一次，连续免疫两年后停止免疫，只进行检疫。免疫羊群与未免疫羊群分群饲养。种公羊不免疫。使用羊布鲁氏菌M_5菌苗时禁止对怀孕母羊接种。

（7）免疫抗体检测：重点是口蹄疫和小反刍兽疫疫苗免疫效果

检测。可在疫苗免疫后4~6周，按不同羊群免疫羊只的10%~15%抽检血清免疫抗体效价，评价其免疫合格率，无检测条件的羊场，可将被检血清送当地兽医防疫部门实验室检测。

（8）疫苗副反应处置：注苗前应详细检查疫苗瓶签及疫苗性状，阅读说明书，了解疫苗应用对象及使用方法；注苗前应检查羊群健康状况，注苗后观察羊只反应并详细记录，发现明显免疫不良反应的羊只应及时注射肾上腺素或地塞米松。对于体弱、正在患病羊只暂缓免疫，以防止疫苗超敏反应引起的免疫羊只休克死亡。

（9）羊场应建立免疫档案，详细记录免疫情况，包括疫苗来源、名称、生产日期、保存条件、接种时间、接种途径与剂量、接种人员、接种前后羊只情况，以备查询。

羔羊、经产母羊及公羊的免疫程序见表2-1至表2-3。

表2-1 羔羊免疫程序

接种时间	疫苗种类	接种方法	免疫期
7日龄	羊痘鸡胚化弱毒疫苗	尾根皮内注射	1年
15日龄	绵羊肺炎支原体灭活疫苗（一免）	皮下或肌肉注射	6个月
30日龄	口蹄疫灭火疫苗（一免）	肌肉注射	6个月
30日龄	绵羊肺炎支原体灭活疫苗（二免）	皮下或肌肉注射	6个月
45日龄	小反刍兽疫	皮下或肌肉注射	24个月
60日龄	口蹄疫灭活疫苗（二免）	肌肉注射	6个月
75日龄	羊梭菌疫苗（一免）	皮下或肌肉注射	6个月
90日龄	羊梭菌疫苗（二免）	皮下或肌肉注射	6个月
120日龄	布鲁氏菌S_2菌苗或M_5菌苗	口服或皮下注射	2年
6月龄	羊梭菌疫苗	皮下或肌肉注射	6个月
7月龄	炭疽（牧区）	皮下注射	1年

表2-2　经产母羊免疫程序

接种时间	疫苗种类	接种方法	免疫期
配种前2周	口蹄疫	肌肉注射	6个月
	羊梭菌疫苗	皮下或肌肉注射	6个月
	炭疽（牧区）	皮下注射	1年
产前1~2个月	绵羊肺炎支原体灭活疫苗	皮下或肌肉注射	6个月
	口蹄疫	肌肉注射	6个月
产后1个月	羊梭菌疫苗	皮下或肌肉注射	6个月

表2-3　公羊免疫程序

疫苗	免疫时间	注射方法	免疫保护期	备注
口蹄疫	非配种期春秋季节	肌肉注射，1ml/只	6个月	以后每隔4个月免疫注射一次
羊梭菌疫苗	非配种期春秋季节	皮下或肌肉注射，1ml/只	6个月	以后每隔4个月免疫注射一次
羊痘鸡胚化弱毒疫苗	非配种期春或秋季节	尾根或股内侧皮内注射，0.5ml/只	1 年	
绵羊肺炎支原体灭活疫苗	非配种期（春季）	皮下注射，3ml/只	6个月	1次/年

六、消毒

1. 消毒目的

消毒是指采用物理、化学及生物学方法杀死物体表面的病原微生物。消毒是控制动物传染病发生的重要手段之一。

其目的包括：

（1）防止外源病原体带入羊群。

（2）减少环境中病原微生物的数量。

（3）切断传染病的传染途径。

2. 消毒的分类

根据消毒的目的不同，将消毒分为：

（1）预防性消毒，即日常消毒。

（2）临时消毒，即发生一般性疫病时的局部环境的强化消毒。

（3）终末消毒，即发生重大疫病时的大消毒。

3. 消毒对象

羊场消毒的主要对象是：

（1）进入羊场生产区的人员、交通工具及生产用具。

（2）羊舍环境。

（3）饮水。

（4）分娩时的母羊乳头。

（5）初生羔羊脐带。

4. 消毒设备

羊场经常用消毒设备有紫外消毒灯、喷雾器、高压清洗机、高压灭菌器。主要消毒设施包括生产区入口消毒池，人行消毒通道，尸体处理池，粪便发酵处理场，专用消毒工作服、帽及胶鞋等装备。

5. 消毒方法

（1）物理消毒法：指机械清扫、高压水枪冲洗、紫外线照射、高压灭菌处理。

（2）化学消毒法：指采用化学消毒剂对羊舍环境、羊体表及羊舍用具等进行消毒处理。

（3）生物消毒法：指对羊粪便及污水进行生物发酵，制成高效有机肥后利用。

6. 常用化学消毒药

根据消毒对象不同，羊场常用化学消毒剂包括：

（1）石灰乳及漂白粉：用于消毒池、羊舍地面、墙壁、粪便消毒，常用浓度为10%～20%。

（2）百毒杀、苯扎氯铵或次氯酸钠：用于交通工具、羊只体表、人行通道地面、羊乳房、饮水消毒。百毒杀常用浓度为0.2%～0.3%用于空气喷雾消毒，0.5%为机械清洗消毒，0.01%～0.02%为饮水消毒，0.2%～0.5%用于乳房消毒；

（3）氢氧化钠及过氧乙酸：主要用于发生某种传染病时的消毒。2%～4%氢氧化钠的水溶液用于羊舍污染地面消毒，消毒后必须用水冲洗。0.2%～0.5%过氧乙酸用于腾空羊舍空气喷雾消毒。

7. 消毒的技术

（1）车辆进入羊场区的消毒：各种车辆进入羊场生产区时必须进行消毒。羊场门口应设专用消毒池，其大小为：宽3m，长5m，深0.3m。内加2%氢氧化钠或10%石灰乳或5%漂白粉。并定期更换消毒液。进入冬季后，可改用喷雾消毒，消毒液为0.5%的百毒杀或次氯酸钠，重点是对车轮的消毒。

（2）人员进入羊场生产区的消毒：进入羊场的人员必须经消毒后方可进入。羊场应备有专用消毒服、帽及胶靴、紫外线消毒间、喷淋消毒及消毒走道。根据国家卫生部颁布的《消毒技术规范》的规定，紫外消毒间室内悬吊式紫外线消毒灯安装数量为每立方米空间不少于1.5W、吊装高度距离地面1.8~2.2m，连续照射时间不少于30min（室内应无可见光进入）。紫外线消毒主要用于空气消毒及更衣间消毒，不适合人员体表消毒。进入羊场人员在紫外线或超声波气雾消毒间更换衣服、帽及胶靴后进入专为消毒鞋底的消毒走道，走道地面铺设草垫或塑料胶垫，内加0.5%次氯酸钠，消毒液的容积以药浴能浸满鞋底为准，有条件的羊场在人员进入生产区前最好做一次体表喷雾消毒，所用药液为0.2%百毒杀。

（3）羊舍环境消毒：重点是地面、墙壁、空气。羊舍地面应每

天清除粪便及污染垫草，保持通风、干燥、清洁。夏季每隔10天对羊舍内地面进行一次喷雾消毒；已使用了2年以上的羊舍，应每年对离地面1.5m的墙壁用20%石灰乳粉刷一次。寒冷地区应在冬季产羔时给羔羊舍铺设清洁垫草。

（4）产羔期消毒：怀孕母羊在分娩前后应在其所处地面铺设干净垫草，羔羊出生后，脐带断端用2%碘酊消毒；要及时给羔羊吃上初乳。

做好上述消毒工作是预防羔羊大肠性腹泻及肠球菌性脑炎的重要环节。

（5）饮水消毒：羊场应给羊群提供水质良好的清洁饮水。夏季炎热为防止水中病原微生物污染，可于水中加入0.02%的次氯酸钠或百毒杀。冬季应提供加温清洁水，防止羊饮用冰冻水而发生消化道疾病。

（6）兽用器械消毒：羊场使用的各种手术器械、注射器、针头、输精枪、开器等必须按常规消毒方法严格消毒，免疫注射时，尽可能保证每只羊更换一个针头，防止由于针头机械性传播羊附红细胞体病等疫病。

（7）粪便的消毒：采用堆积发酵制备有机复合肥。

（8）发生疫病时的紧急消毒：当羊群发生某种传染病时，应将发病羊只隔离、病羊停留的环境用2%~4%烧碱喷洒消毒，粪便中加入生石灰处理后用密闭塑料袋清除；死亡病羊应深埋或焚烧处理，运送病死羊的工具应用2%烧碱或5%漂白粉冲洗消毒；病羊舍用0.5%过氧乙酸喷雾空气消毒。发生流产时应立即将流产胎儿、胎衣及分泌物覆盖石灰粉后深埋或焚烧处理，并对流产母羊进行检查。

8. 羊场消毒效果监测

消毒效果的监测是评价其消毒方法是否合理、消毒效果是否可靠的有效手段，因而在消毒工作中十分重要。羊场消毒效果监测的主要对象是紫外线消毒室、羊舍环境等。主要采用现场微生物检测方法及流行病学评价方法。

（1）消毒效果的现场生物学检测方法：空气消毒效果检测。

检测对象：紫外线消毒间、羔羊舍等。

检测方法：平板沉降法。

监测指标：计数平板上的细菌菌落。

操作步骤：在消毒前后，按室内面积≤ $30m^2$，于对角线上取3点，即中心一点，两端各一点；室内面积>$30m^2$时，于四角和中央取5个点，每点在距墙地面1m处放置一个直径为9cm的普通营养琼脂平板，将平板盖打开倒放在平板旁，暴露15min后盖上盖，立即置37℃恒温培养箱培养24h，计算平板上菌落数，并按下式计算空气中的菌落数：

$$空气中的菌落总数（cfu/m^3）=\frac{5000N}{A \cdot T}$$

式中，A为平板面积（cm^2）；T为平板暴露的时间（min）；N为片板上平均菌落数（cfu）。

根据消毒前后被测房间空气中的细菌总数变化，判断消毒是否有效。

（2）消毒效果的流行病学评价方法：一种消毒方法运用于羊场羊群后，其消毒效果的好坏不仅体现在消毒前后环境、羊体、物体表面的微生物含量，更直接的体现在对某种感染性疫病的预防中，即采用消毒措施是否可以使羊群减少感染或少发生疾病，这种减少和对照组（消毒方法更换以前）相比有无显著性差异，进而比较使用消毒剂前后某种疾病的发病率和效果指数，从而得出该消毒方法或消毒液有无使用价值的结论。

采用何种疾病作为判定指标，应根据消毒对象不同而定。用于羔羊舍、产房环境消毒时，以羔羊发生下痢、肺炎的发病率作为判定消毒效果的指标。

评价方法包括通过对实施消毒或改变消毒方法前后某种疾病的现况调查（描述性调查）和实验对照性调查两种常用方法，各羊场

可根据本场技术力量、管理水平及各种条件选择不同的评价方法。

七、驱虫

目的：驱除和杀灭体内外寄生虫，提高绵羊健康水平。

技术要点：

（1）消化道驱虫：每年春秋季采用丙硫苯咪唑拌料，对断奶羔羊、后备母羊、配种前母羊和种公羊进行消化道线虫驱虫。

（2）体表药浴：每年5—6月剪毛后，采用螨净药液对上述羊只进行池浴或淋浴。

第三章　种公羊兽医卫生保健指南

一、概述

保证种公羊的健康及良好的精液品质，提高种公羊的利用率，杜绝精液传播疾病，是实施该技术的目的。影响种公羊利用率的主要因素是泌尿、生殖系统疾病（尿结石、附睾炎）、肺部感染（巴氏杆菌、链球菌）所造成的器质性损伤及营养失调、管理不当而引起的精液品质降低等。

种公羊兽医保健要点是给种羊营造适宜的生活环境，科学的饲养管理，定期的健康检查与检疫，早期的疾病诊断与预防；在采精操作时，建立完善的消毒、无菌操作卫生制度，减少环境病原微生物的污染。

二、环境控制

（1）种羊场各类种羊必须分群隔离饲养，严禁自然交配，种公羊圈舍应与其他羊群及周围环境严格分开，场内应设有足够的运动场，充足的水源，有坚固的栅栏，防止其他动物钻入。场内应设独立分开的饲养圈舍、采精室、检疫室、冻精生产室及粪便处理场，除种公羊饲养人员、兽医人员及育种技术人员外，其他人员不得入内。

（2）种公羊圈舍应保持地面清洁、干燥、通风及适度的光照，每天保证6h以上的运动量，每隔3个月对墙壁地面进行一次喷雾消毒。

三、营养保健

（1）供给清洁饮水，配种采精前后应提供温水。

（2）适时定量饲喂全价饲料及优质的青绿粗饲料，必要时应在饲料中添加种公羊专用防尿结石矿物微量元素制剂。配种期应额外添加足量维生素A、维生素D_3、维生素E、维生素B_2制剂。

（3）杜绝饲喂霉变饲料、冰冻青贮草料、未经脱毒处理的棉籽壳或棉籽饼、菜籽饼等含毒素饲料。

四、健康检查

每年春秋季对种公羊进行两次健康检查，包括心肺检查，胃肠检查、泌尿生殖系统检查，运动、皮肤检查，血尿常规生理生化指标检查。每年进行四次（每隔两个月）特殊检查，包括阴囊、睾丸、附睾、包皮内外触诊检查；精液显微镜检查（白细胞、精子活力、精子密度）；必要时进行精液细菌学培养（布鲁氏菌、放线菌等）。

五、检疫

种羊场内所有新引进种公羊、出场种公羊（包括试情公羊、后备种公羊）在引进半个月内及出场前一周，配种前（9—10月）对血清样品进行布鲁氏菌血清学检疫。其他种公羊4—5月进行一次上述检疫。对引进种公羊在引进后一周内进行蓝舌病、绵羊地方性衣原体流产血清学检疫。经选留的断奶公羔羊进行包虫病（棘球蚴、多头蚴）血清学检查，阳性者进行早期药物治疗。

六、驱虫

种羊场内所有羊群每年必须进行两次驱虫（4月、10月），两次药浴（6月、9月），每年1~2次羊鼻蝇驱虫（6月、9月）；驱虫前后应注意气候变化，掌握投药方法、剂量、浓度。做好投药后的羊群观察，粪便检查、收集与处理。贮备阿托品、解磷定、硫酸钠、葡萄糖、维生素C注射液、地塞米松等必要的急救药物。

七、免疫接种

种羊场内所有半岁以上羊只每年在4—5月注射一次炭疽疫苗。生产母羊在配种前（9—10月）注射一次羊厌气菌三联四防苗，种公羊与其他羊群7—8月注射一次。有羔羊痢疾流行的种羊场应在母羊产前一个月再注射一次。必要时可给母羊于同期注射大肠杆菌多价菌毛（K99、F41）疫苗。确定有传染性脓疱及羊痘流行的羊群应在3—4月对当年羔羊全部注射羊口疮弱毒疫苗及羊痘鸡胚化弱毒苗。对国家法定检疫的羊传染病，均不得使用疫苗接种。

八、兽医管理

（1）种羊场配备具有丰富临床经验的专职兽医与操作熟练的检验人员，负责对种公羊的卫生管理与保健、兽医防疫、疾病诊断与防治工作，制订与组织实施兽医防疫检验与保健技术措施。

（2）建立专门的种公羊健康登记卡（包括每次常规体检、血尿生化检查、精液检查与疫病血清学检疫）。

（3）建立必要的病例、病史档案，包括配种母羊的繁殖性能、流产、羔羊死胎、畸形羔羊、羔羊死亡率、泌尿生殖系统疾病等。

九、精液生产与人工授精的兽医卫生控制

生产与提供无特定病原体的合格精液，是种羊场卫生保健的最终目的。因此种羊场应对精液生产与人工授精中的卫生条件进行必要的管理与控制。

（1）精液生产地应设在种公羊饲养场内，与种公羊舍、检疫室、隔离室、采精室等隔开，生产中心应设有生产室（精液检查、处理、冻精制备与包装）、器械消毒室与精液保存室，各室应严格分开。精液生产室应设紫外线消毒装置，工作人员在生产过程中应穿经消毒处理的专用工作服和靴，带上口罩。生产中心应有专职兽医进行卫生监督。

（2）制备冻精所需的各类稀释液必须经灭菌或抑菌处理。用蛋黄作为稀释液成分时，必须从无禽结核、沙门氏菌的鸡群中挑选，牛奶需经巴氏消毒。在稀释液中必须加入青霉素与链霉素，以控制稀释液中可能存留的细菌生长。与精液或稀释液直接接触的各类玻璃器皿必须清洗干净，蒸馏水冲洗，经高压灭菌后备用。

（3）采精室应保持清洁卫生，每次采精前应对室内进行空气喷雾消毒，保持地面一定湿度，防止尘土污染。为防止种公羊和试情

公羊在采精时生殖器接触，可在公羊包皮前放一块消毒挡帘。非本站工作人员不得随意进入精液制备室。

（4）采精和人工受精所用的一切器皿（假阴道、采精器、集精杯、胶皮内胎、输精器）每次使用后应煮沸消毒，每次消毒的器皿只能使用一次。所有器皿应在包装消毒后置于采精室专用柜内保存。

（5）被采精的公羊应无下列传染病：布鲁氏菌病、放线菌病、龟头包皮炎和衣原体病。

第四章　妊娠母羊围产期兽医保健指南

一、概述

妊娠母羊围产期保健的目的：保证围产期母羊健康，满足胎儿正常生长尤其是多胎羊的营养需求，使母羊体内蓄积营养，保障胎儿的正常生长发育，减少产后代谢病、乳房炎、流产的发生，降低成年母羊的死亡淘汰率，提高母羊繁殖率是实施本技术的目的。

影响围产期母羊健康的主要因素是营养性缺钙，妊娠毒血症，乳房炎以及继发感染引起的全身败血症。保健要点是满足围产期母羊的营养，减少母羊应激反应，提高抗病力。

二、环境控制

重点是给围产母羊与哺乳羔羊建立一个采光良好、保暖通风、干燥与清洁的圈舍环境。

（1）羊场产羔圈应设在牧场中避风、朝阳、气温较温暖且变化不大的地区，圈舍内设多个分隔的产房及羔羊补饲槽；舍内应有便于开关的天窗和窗户，以便于采光和通风；圈舍朝阳门前设一个四周有挡风墙的运动场，以供羔羊在阳光下栖息；圈舍内应有防寒保暖设施。

（2）每次产羔结束后腾空的产圈应及时清扫，地面用2%~4%烧碱消毒，产圈四周1m高度用20%石灰水粉刷，待下次产羔前两周再行消毒一次。临产母羊产房地面最好铺设清洁干草，产房中的单个产圈在母羊与羔羊移出后，应将其垫草与粪便进行清除与消毒后再进入临产母羊，产羔期舍内地面保持干燥与清洁。在气候条件允许时，可在开放的田野和草场产羔。产羔圈充足时可进行轮流产羔，以减少羔羊腹泻的发生。

三、分群管理与营养调控

（1）养羊场应根据母羊的品种、年龄、胎次、单羔和多羔的预

测及营养状况进行分级并分群饲养，必要时可采用兽用B超仪结合生产记录进行辅助分群，其目的是为不同母羊提供必要的营养。

（2）母羊在产前6~8周是羔羊发育最快、营养需求量最大的时期，建议每只母羊日粮中青贮玉米或青贮高粱1~1.5kg，苜蓿干草0.75~1kg，玉米混合精料300~350g，怀孕三胎以上的多胎母羊，保持在500g以上，持续至产羔。泌乳母羊在前述粗饲料的基础上，玉米混合精料应增加至550~600g，尤其是双羔及多羔母羊，持续饲喂45天后逐渐减料，至羔羊两月龄断奶后维持基础母羊营养需求。

（3）妊娠母羊应在日粮中全程补充含碘、锰、钴、铜、铁、锌、硒的微量元素的食盐添加剂。在缺硒地区，应在产前6~8周额外补充硒制剂，以防止母源性缺硒而引起初生羔羊的白肌病。

（4）全舍饲妊娠母羊应在日粮中保证钙及磷的含量，尤其是仅以青贮玉米饲料和谷物饲料为主要日粮时，应增加饲料中钙、磷的含量。钙含量不少于0.4%，磷含量不少于0.3%。建议在精料中每只母羊每天饲喂石粉10~15g，磷酸氢二钙15~20g。在冬春季应在饲料中额外补充维生素A、维生素D_3和维生素E，以利于钙的吸收。

（5）以青贮玉米、饲用甜菜、番茄渣、啤酒渣等多汁饲草料制备的青贮，在饲喂时应在饲料中添加小苏打粉，以防止酸性饲料引起的母羊代谢性酸中毒，饲喂剂量为每只母羊每天0.5g。

（6）供给清洁饮水。放牧羊群应减少对怀孕母羊的剧烈驱赶，在野外饮水时应有牧工带领，以减少应激，避免暴饮。冬季舍内饮水应提供温水。

（7）半舍饲半放牧的羊场应适时定量补饲全价饲料及优质的青绿粗饲料。饲料中应添加足够矿物质和微量元素添加剂、维生素A、维生素D_3、维生素B_2、维生素E制剂。所用饲料必须满足围产期母羊钙、磷、能量、蛋白质等各项指标。

（8）杜绝饲喂霉变饲料、霉变青贮及冰冻饲草。

四、分娩管理及产后监护

（1）规模化羊场应设专门的产房，制定日常的产房管理制度，并配备有经验的人员负责实施。主管兽医及饲养人员应每天上午、下午、晚上三次跟踪观察产羔舍，在产羔集中期间应24h轮流值班，发现异常及时处理。

（2）母羊产前应适当增加运动，必要时由饲养员进行驱赶至户外运动场运动。母羊产前10天连续于饲料中添加阴离子盐，以保持血液中离子平衡，减少低钙血症及妊娠毒血症的发生。

（3）给围产期母羊提供足够清洁饮水，寒冷季节在产房设置电子控温饮水器，水中加入适量的含葡萄糖、电解质及多种维生素制剂。

（4）产羔舍地面保持干燥、清洁，及时清除粪便。每隔3天进行一次地面与舍内空气消毒，以减少环境中病原微生物数量。母羊临产前1~2天，应铺设洁净干草。

（5）羔羊出生后应采用5%碘酊对羔羊脐部断端消毒，并采用0.2%的稀碘液或0.3%次氯酸钠消毒液对母羊乳房喷雾消毒后用纸巾擦干，以减少羔羊吮吸时的乳房感染。

（6）对于生产多羔以上的母羊应在产后1~2h内立即自饮或灌服红糖益母草膏水，每只300~500ml，每天一次，连用2~3次，以促进胎衣和恶露排出及增加乳汁量。对于产后母羊卧地不起、身体虚弱的多胎母羊应及时进行静注25%葡萄糖500ml、10%葡萄糖酸钙250ml。

（7）母羊产后应随时观察胎衣及恶露排出情况，食欲与精神状况及乳房情况。对于产后6~8h胎衣不下母羊，可肌注苯甲酸雌二醇5~10mg，催产素10~20单位，以促进胎衣排出与子宫复旧；发现母羊排出的恶露异常且精神状况不良时应及时检查，并采用青霉素320万单位溶于100ml灭菌生理盐水中一次性子宫内灌注，隔天一次，连用3~4次，或采用中药宫复康进行子宫内灌注，防止子宫内膜炎的发生。

（8）当发现哺乳母羊离群独处、呆立、精神抑郁、跛行、拒绝羔羊吃乳时，应检查母羊乳房是否异常。当一侧乳房炎性肿胀，呈红紫色（发绀），质地坚硬，皮温增高时多为溶血性巴氏杆菌感染；而乳头周围皮肤变黑，变软，皮温发凉并有恶臭的坏死组织附着时多为金黄色葡萄球菌感染。无论何种乳房炎类型均应立即测定体温，采用青霉素160万单位、链霉素1g进行乳房基部注射，必要时可进行静脉注射，当同群母羊连续发生乳房炎时，可采用磺胺二甲氧嘧啶、金霉素或土霉素经饲料投入进行全群预防（见第八章 规模化羊场常见疾病类别诊断）。

五、免疫接种

母羊于配种前2~3周分别接种口蹄疫、羊梭菌疫苗、小反刍兽疫疫苗；产前一个月分别接种绵羊肺炎支原体疫苗、口蹄疫疫苗；产后1~1.5个月接种羊梭菌疫苗。详见第二章 规模化羊场主要疫病防疫技术程序。

六、药物防治

母羊在妊娠后期及哺乳前期易发生妊娠毒血症、缺钙、乳房炎及继发感染引起全身败血症，应储备糖皮质激素、抗生素、钙制剂、葡萄糖及碳酸氢钠注射液、维生素C等药物，每天早晚检查母羊体况，发现异常时应及时治疗。

七、B超在绵羊繁殖中的应用

（一）羊的B超妊娠诊断操作指南

随着多胎肉羊的不断发展，在羊场繁殖管理工作中，B超在母羊的早期妊娠诊断及胎儿数量预测方面尤为重要，这对羊场根据胎儿数量进行分群管理，提高繁育率，减少妊娠毒血症的发生，保证多胎母羊健康提供了一定的技术支持。

1.B超仪

50s型Tringa Vet便携式兽用线阵B超扫描仪，配备3.5/5.0MHz变频凸阵探头或5.0~7.5MHz变频线阵探头，荷兰Piemed ICAL公司生产，配备Ni-MH 12V充电电池各1个，2215型NiCd/NiMH charger各1个，另外有配套的50s Tringa communication software version 1.0图像处理软件ODTCOMM和双向红外传输接口。

2.配套使用耗材

一次性乳胶短手套、耦合剂（天津市南开区华科医疗器械厂生产的AB~1型医用超声耦合剂，规格250g）、避孕套、石蜡油、长胶靴、连体工作服、工作帽、小块方毛巾、塑料皮筋等。

3.羊B超妊娠诊断的操作方法

（1）准备工作：给母羊检查前1天最好禁食12h左右。准备做好羊只耳标补打工作。最好采用不易脱落的耳标。

（2）保定：在妊娠早期最好用胚胎移植的保定架保定，保持头在下方臀部在上，45°角倾斜，腹部向上，有些品种羊需要用电动剪剪毛。妊娠中后期则采取站立保定绵羊或者以犬坐式保定（图4-1、图4-2）。

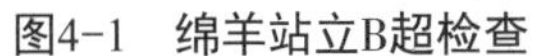
图4-1　绵羊站立B超检查

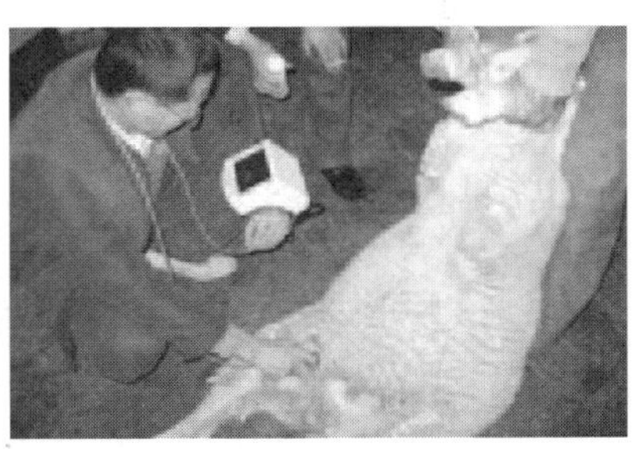

图4-2　绵羊犬坐式B超检查

（3）探查方法：妊娠早期应使用直肠探头在直肠内检查，妊娠中后期，于配种后45天在腹壁扫查。先在无毛区域涂上少量医用耦合剂进行滑行扫查或扇形扫查。滑行扫查是指探头贴着体壁做直

线移动；扇形扫查是探头固定一点，作各种方向的扇形摆动。体外探查时应将体壁尽量向内挤压，观察并调节屏幕影像，使对比度、增益度适宜，尽量使近场增大，远场减小，获得理想影像时即冻结影像，记录测量时间、地点、羊号，然后对图片进行储存，及时将图像转存到笔记本电脑上。

（4）怀多胎羊的检查时间和部位：为了单胎和多胎筛查，进行分群管理，提高羔羊的成活率，可在配种后45~100天在腹部做检查。

4. B超妊娠诊断的标准

未孕母羊和妊娠25天以内的母羊，子宫位于盆腔内，子宫体在膀胱上方中央，两子宫角垂直向膀胱两侧前下方。妊娠23天时，在膀胱下面有一小的带状无回声区（胎水）。25天时，为一较小的不规则无回声区，在其中可看到胎体，但看不到胎心搏动。30天时不规则的无回声区扩大并移至膀胱前下方，无回声区边缘或其中有扣状的小回声为母子胎盘，可见羊膜囊内有胎体，细心观察可见到胎心搏动。预测胎数，探查妊娠在45~50天时准确率最高，妊娠100天以上，由于胎儿长大，探头不能扫查到整个胎儿，所以影响准确率。宫阜的平均直径与妊娠天数有明显的曲线关系，宫阜发育至最大直径是在妊娠第80天。

5. 羊B超诊断妊娠的典型声像图（图4-3至图4-8）

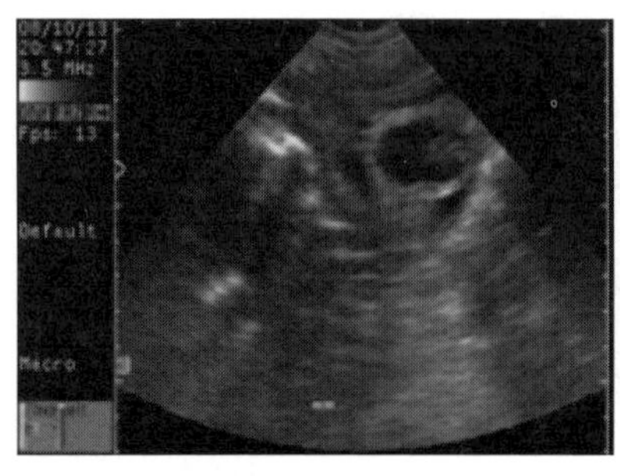

图4-3　哈萨克羊妊娠35天

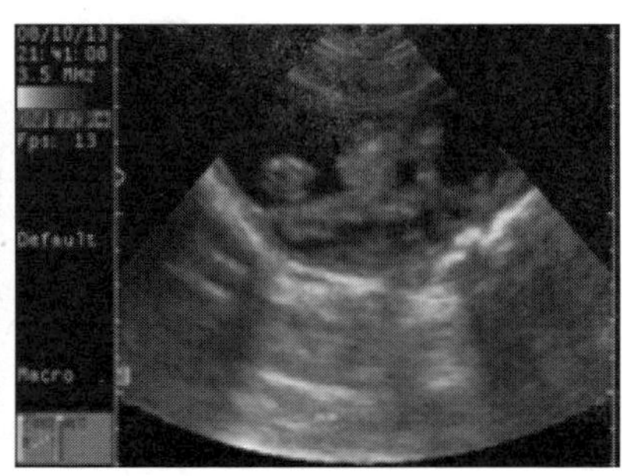

图4-4　哈萨克羊妊娠40天

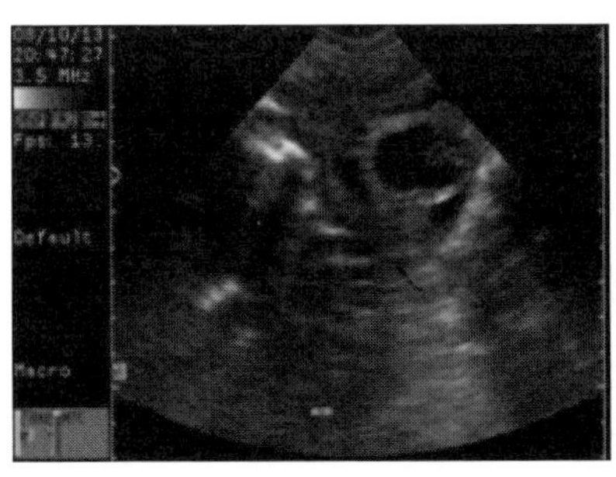

图4-5　哈萨克羊妊娠45天

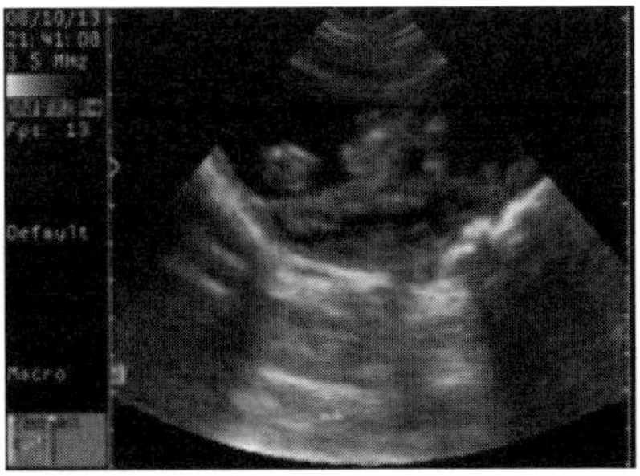

图4-6　哈萨克羊妊娠50天

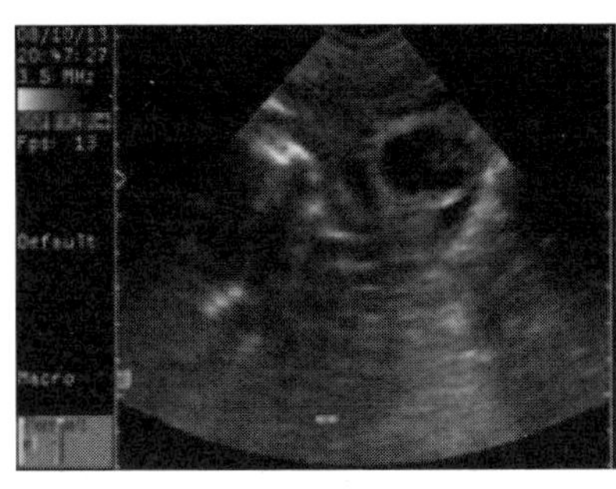

图4-7　小尾寒羊怀孕子叶

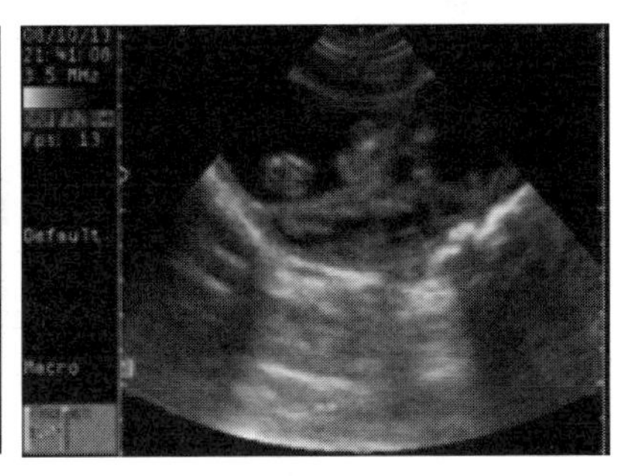

图4-8　胎儿腹部和肋骨矢状切面图片

（二）母羊怀单胎和多胎的B超鉴别典型声像图

在移动或转动探头检查过程中，单胎子宫一般出现1个扩张孕囊，其中只有1个胎儿断面图像，而多胎出现多个孕囊，在扩张子宫中出现2个以上多个胎儿的断面图像。单胎和多胎妊娠的具体典型声像图如下。

单个胎儿典型声像图：在探头移动或旋转以不同角度，在不同切面图像中显示只有1个不规则类似椭圆形暗区内出现胎儿的不同断面图像（图4-9、图4-10）。

多个胎儿典型声像图：出现多个椭圆形或者多个有边界的扩张子宫，其内部有不同的胎儿切面图像。2个胎儿的声像图（图4-11、

图4-12），3个胎儿的声像图（图4-13至图4-15），4个胎儿的声像图（图4-16、图4-17），多个胎儿的声像图（图4-18、图4-19）。

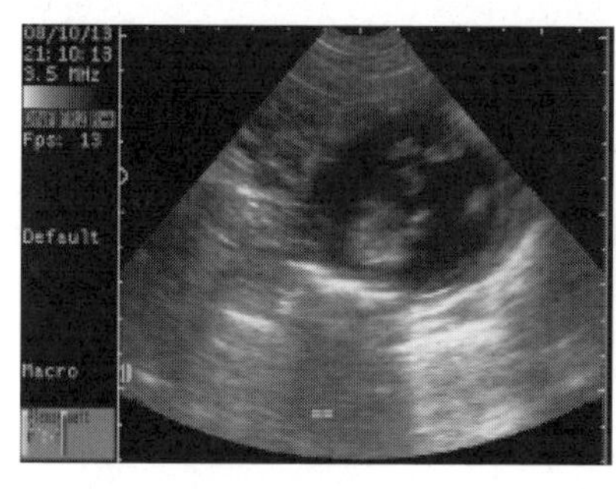

图4-9　单胎声像图（凸阵）

图4-10　单胎声像图（线阵）

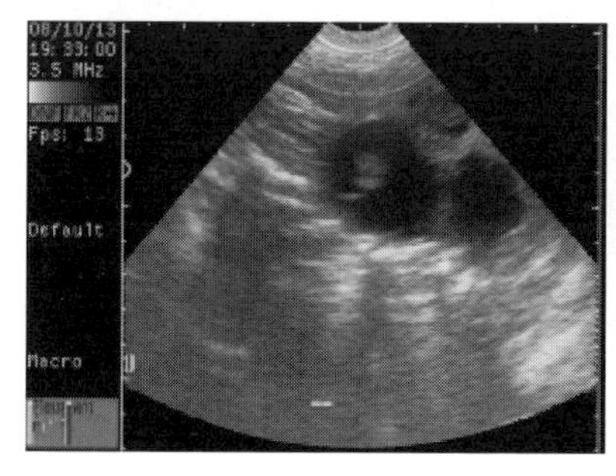

图4-11　多胎声像图（凸阵，2胎）

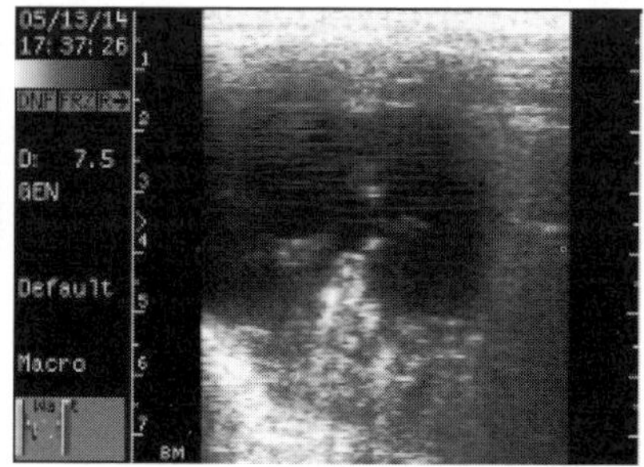

图4-12　多胎声像图（线阵，2胎）

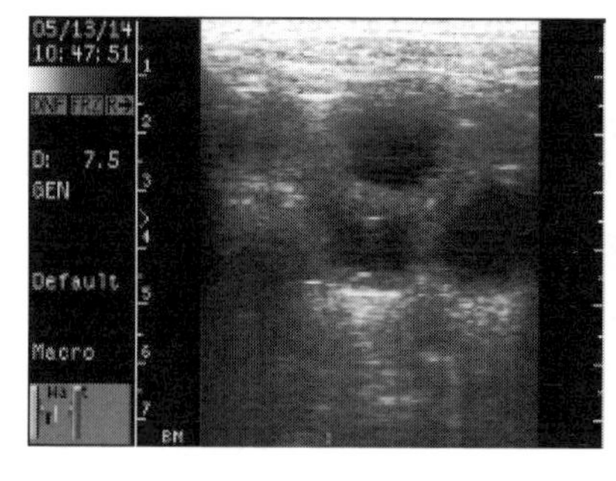

图4-13　多胎声像图（线阵，3胎）

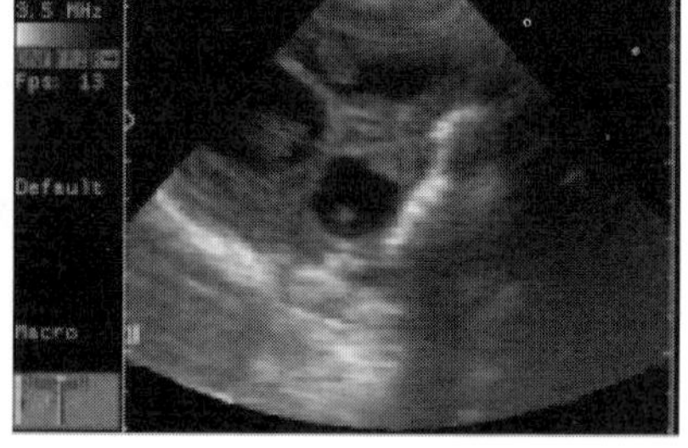

图4-14　多胎声像图（凸阵，3胎）

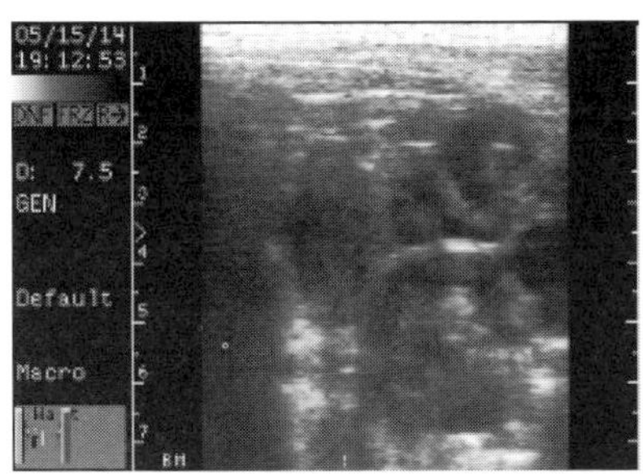

图4-15　多胎声像图（线阵，3胎）

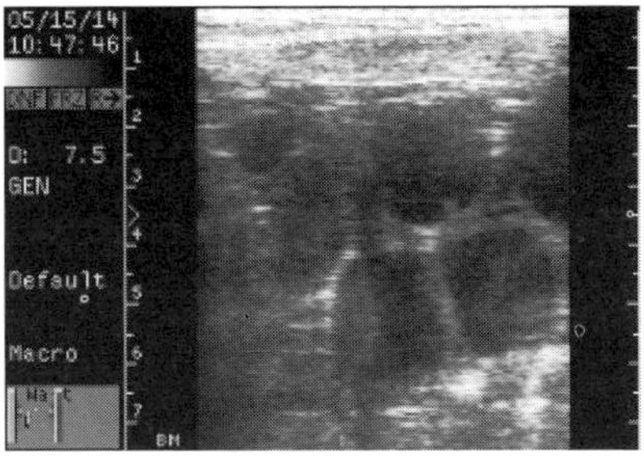

图4-16　多胎声像图（线阵，4胎）

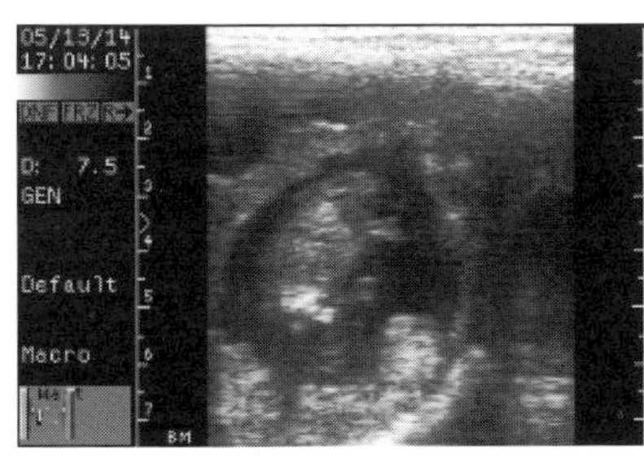

图4-17　多胎声像图（线阵，4胎）

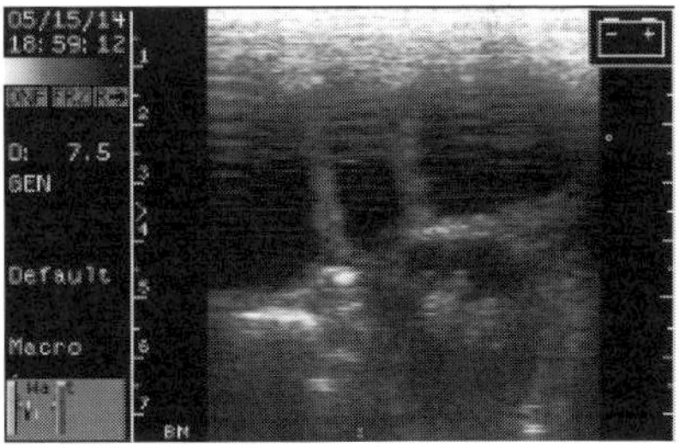

图4-18　多胎声像图（线阵，多胎）

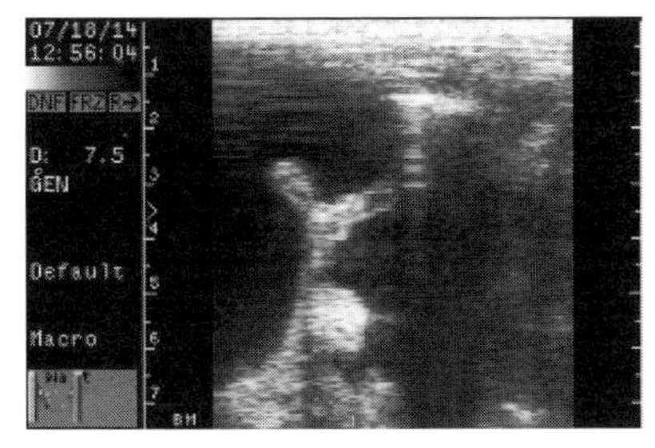

图4-19　多胎声像图（线阵，多胎）

第五章　哺乳羔羊兽医保健指南

一、概述

提高羔羊成活率是实施本技术的主要目的。影响羔羊成活率的主要因素是各种原因引起的下痢、继发性肺炎、传染性口膜炎（羊口疮）、脐炎、缺乳、营养不良以及因风寒侵袭而引起的死亡。该阶段的主要疾病包括低血钙、羔羊腹泻、羔羊肺炎、白肌病、羊痘和羊口疮等。兽医保健的要点是改善饲养环境，加强营养性抗病，控制继发感染，做好早期预防。

二、环境控制与消毒

（1）接羔的准备：集中产羔的羊群在产羔前，羊场应做到接羔育幼的一切准备工作与组织安排，包括母羊饲草饲料储备，产房的防寒保暖、清洁与消毒；各类消毒及防病用药物、器具、畜牧与兽医专职技术人员、饲养人员及值班人员工作安排以及生活准备。主管业务领导应会同技术人员、承包户制订产羔育幼期间的技术管理与经济承包责任事宜，确保各承包羊群接羔育幼工作顺利进行。

（2）给初生羔羊建立一个保暖、采光、通风、地面干燥与清洁的环境，是保证羔羊成活率的首要环节。初生羔羊舍内温度保持在8~15℃，湿度不高于50%，防止忽冷忽热及封闭太严造成通风不良，湿度过大。

（3）羔羊出生时脐带断端必须用5%碘酊或1%石碳酸水溶液消毒，需助产或人工哺乳时，应注意术者手、母羊外阴及乳头的清洁与消毒。

（4）羔羊断尾应选地面平坦、避风的地方进行，并保证断端被完全烧烙。

三、营养保健

（1）保证羔羊及时吃上初乳，必要时采取人工哺乳。对于多羔或母乳不足的羔羊及时采用羔羊全营养代乳品或稀释的山羊奶人工喂服，体弱或病羔及时灌服含葡萄糖及电解多维口服制剂。

（2）处于缺硒地区的羊场，应在母羊妊娠后期在饲料中添加含硒矿物质添加剂。羔羊出生第一天注射1ml含硒维生素E注射液，第三天注射右旋糖苷铁1ml，羔羊断奶时再注射含硒维生素E注射液2~3ml。

四、健康检查与药物防治

（1）负责产羔期兽医卫生与防疫工作的兽医人员及饲养员，应每天早晚两次，逐只观察产圈内羔羊健康状况，检查其精神状况、哺乳、腹围大小、口鼻分泌物、呼吸、粪便性质等。出现可疑病羔应及时进行对症治疗，有可疑传染病时，应将母羊与羔羊隔离，防止疾病扩散。

（2）对出现脐炎、腹泻、肺炎的羔羊，除进行抗菌、消炎、止泻外，应及时经静脉或口服给予含葡萄糖、氯化纳、氯化钾、碳酸氢纳等电解质溶液，以防止酸中毒和脱水，必要时注射黄芪多糖制剂，以提高羔羊抗病力。

随母羊放牧的羔羊在遇到寒风、冷雨、风雪袭击时，在归圈后应立即逐只注射青霉素，以防止肺炎、脐炎发生。

五、免疫接种

详见第二章免疫程序内容。

第六章　断奶与育肥羊兽医保健指南

一、概述

提高出栏率或育成率是实施本技术的主要目的。造成集约化全舍饲育肥羊死亡的主要原因是由于饲养环境、饲料成分、饲养方式变化而引起的一系列营养代谢紊乱、饲料性中毒、条件性病原菌感染、应激性猝死等。断奶育肥羊主要发生的疾病包括羔羊白肌病、肠毒血症、溶血性大肠杆菌病、李氏杆菌病、巴氏杆菌败血症、多头蚴病、肠球菌性脑炎等。兽医保健技术的关键是消除各种诱发因素，采用科学的饲养管理、饲喂技术和平衡的营养，以控制各种疾病的发生。

二、营养保健

（1）保证饲料中足够的营养物质，按精料的1%添加防尿结石矿物质微量元素复合添加剂，提供足够的优质青粗饲料，精、粗饲料比例不能低于1∶3。

（2）育肥前应将羔羊按体质大小分群饲养，在炎热季节时饲料应现配现喂，防止发酵。饲喂时先喂粗饲料后喂精饲料，采用全混合日粮（TMR）饲喂技术时可不受此限制。育肥的初期以粗饲料为主，逐渐增加精饲料的比例。杜绝饲喂霉变青贮及霉变结块原料配制的精料。

（3）保证育肥羔羊足够的清洁饮用水，杜绝饮用低洼地碱水、污水。冬季应饮用加温水，夏季水槽应及时清洁，避免饮用过夜水。必要时应对水源进行水质卫生指标测定。

三、免疫接种

羔羊育肥前一周应逐只注射羊梭菌疫苗和口蹄疫灭活疫苗，详见第二章。

四、环境控制

（1）育肥羊圈应在羔羊群进入前半个月进行彻底清扫，采用20%石灰乳喷洒墙壁与地面，每隔半月用次氯酸钠或百毒杀进行空气喷雾消毒。

（2）育肥羊舍应保证适度的光照、通风、密度与地面干燥，防止阴暗、潮湿、拥挤及过高的有害气体等不良环境对羔羊产生的应激。

（3）育肥场内应设有足够的围栏，以供给羔羊运动。保证羔羊每天至少有4h的运动时间，并在栏内放置少量秸秆饲草，供羔羊采食，促进瘤胃机能活动，有条件的羊群应每天将羊群赶出栏外运动几小时。

五、药物预防

（1）羔羊育肥前注射亚硒酸钠维生素E，每只3~5ml，间隔半个月重复一次。

（2）育肥前应进行体内外寄生虫驱除（详见第二章）。

（3）出栏羊只长途运输前，不宜吃得过饱，应给羊只饮用含维生素C口服补液盐或其他电解质水溶液。夏季运输时可每只口服氯丙嗪20mg，以减少应激。

第七章 规模化羊场疾病现场调查及病料采集

一、概述

对养羊生产者来说，当羊群陆续出现羊只发病或死亡时，最先期盼的是兽医人员、企业技术服务人员或兽医咨询专家能够通过现场调查与检查，在短时间内作出初步结论，指出羊群可能发生什么病？是何种原因引起发病？需要采取什么措施，预后如何？兽医专家在解答上述问题或得出初步结论前，首先需要对现场发病情况及可能影响发病的因素展开系统调查，其目的是从不同的角度获得有诊断价值和意义的信息。

近年来，随着信息科学的不断发展，通过畜牧兽医网络专家咨询与计算机辅助诊断技术来进行远程兽医诊断也应运而生，但此项技术的发展进程缓慢，举步艰难，发挥作用不大，其主要原因是为咨询专家或计算机系统提供信息的人员由于受专业知识和现场观察技能的限制，提供的现场信息常带有片面性或主观性，因而网络咨询专家提供的初步结果常缺乏针对性。因此，羊场的兽医人员、技术员或是专为羊场提供售后技术服务的兽药、饲料企业的技术人员，有必要熟悉和掌握动物疫病现场调查与诊断的知识与技术，以便提供更好的兽医服务。

现场调查与诊断包括疾病现状调查、临床检查及取样，是动物健康检查与疾病诊断的手段之一，在动物疾病诊断中占有重要的地位。在现今的规模化养殖生产中，动物的健康与疾病面临的问题日趋复杂，由于某些病原体、营养、环境、管理及潜在的遗传病等多种因素的影响，尤其是多因素联合致病，多病原体多重感染及免疫抑制性疾病的增多，导致动物在短时间内生产性能下降和疾病的不断发生，这不仅给疾病的确诊带来较大难度，而且也给兽医工作者带来心理负担。因为要查明畜群多因素致病及生产性能下降的原因要比诊断某种由单一病原引起的症状明显、病变典型的疫病更为困难。因此，熟悉和掌握绵羊疾病的现场调查与诊断技术是规模化养羊场兽医保健工作的重要内容。通过全面系统的现场调查，不仅可查明羊群某种疾病发生和影响因素并及时加以纠正，还可较客观地评价羊群体健康状况及兽医卫生管理的成效。同时也可为疾病的实验室诊断、流行预测及风险评估提供必要的现场流行病学数据。

二、流行病学调查

1. 现场询问与观察

包括羊群的组成、品种、数量、来源、羊场布局、各类羊舍及运动场设施与条件；饲草料的组成、加工及质量；饮水设施及水质、水源；粪便与尸体处理及消毒设施；兽医室及兽药存放条件；羊舍卫生状况；饲养人员来源及健康状况等。在对上述项目询问与观察的基础上，对可能存在与疾病发生相关疑点进行重点查看，并从不同角度询问饲养人员，配种员及兽医人员对羊只发病或生产性能下降的意见，以得到不同信息。

2. 查阅相关资料

包括繁殖记录、免疫、检疫档案、用药记录、饲草料配方、死亡淘汰记录等。

3. 发病现状调查（现场流行病学调查）

（1）现状调查：发病羊品种、年龄、母羊胎次、体况，近期是否新引入羊只；羊群隔离饲养情况，发病时间与数量，周边羊场近期有无同类疾病发生等，其目的是查明可能的易感羊只及可能的传染源。

（2）病史调查：包括首发病例及群发病例出现的间隔时间（推断潜伏期），病羊从发病到死亡的持续时间（推断其病程），发病率与病死率，最初发病羊只的主要临床症状与剖检变化，以往有无同类病例发生，最初诊断方法与结果，曾采取何种措施，效果如何等，以了解其发病特点。

（3）发病羊羊舍查看：包括产羔舍、羔羊舍的条件、羔羊密度、

舍内温度、通风、光照、湿度、垫草、网床结构及地面卫生状况、供水与供料等，以查明其不良环境对羔羊的应激。

（4）围产期母羊的健康状况：包括是否患乳房炎、蹄炎、肺炎、腹泻及全身性感染；是否流产及流产比例；母羊产羔数、羔羊出生体重及哺乳情况，以查明有无传染性或营养性因素。

（5）疫苗免疫情况：查看羊场免疫程序、免疫档案等，包括疫苗种类、疫苗来源、保存条件、免疫接种时间、方法、剂量、免疫羊只有无不良反应、是否检测免疫抗体水平等。

（6）药物使用情况：羊只发病前后曾采用哪些药物进行预防与治疗，用药时间、剂量、方法、疗程及效果等。

（7）消毒状况调查：重点是产房及羔羊舍的消毒，包括消毒药物的种类、消毒方法及消毒效果检测。

（8）气候变化情况调查：包括羊只发病前后一周内有无异常气候变化，如降温、寒流、大风、炎热等。

三、临床检查及病理剖析

1. 现场临床检查

认真细致的现场临床检查可为疾病的诊断提供有力的证据。临床检查是疾病现场诊断的重要内容，是兽医专家的专业知识、业务技能和临床经验的综合体现，是对现场调查信息的进一步验证，也是实验室样本采集、检验方法的选择及分析检验结果的重要依据。

患病羊只的临床症状检查包括：

（1）观察患病羊的站立、行走与躺卧的姿势。

（2）精神、呼吸、反刍等生理状况。

（3）可视黏膜（眼结膜、口腔黏膜、鼻黏膜）、分泌物、粪便的性状与色泽。

（4）皮肤、被毛、关节与蹄（趾）部的异常。

（5）必要时测体温，进行胸部、腹部听诊、叩诊、触诊及倒立检查。

2. 病死羊的病理剖检

（1）尸体外表特征检查，包括：

①死亡羊的体况（消瘦或肥壮）；判断是否肠毒血症、乳酸性酸中毒等中毒性疾病。

②可视黏膜颜色：口鼻有无溃疡及分泌物性状，有无腹泻及粪便性状，判断是否小反刍兽疫、羊痘、羊口疮、附红细胞体病、急性出血性败血症。

③死亡羊的体势：有无角弓反张，判断是否有中毒性及神经性疾病。

（2）内脏器官检查，重点观察：

①肝脏是否肿大、黄染，有无黄白色坏死灶；胆囊是否肿大及胆汁的色泽、性状。

②脾脏是否肿大，肠系膜淋巴结有无肿大、出血，判断是否链球菌病、附红细胞体病。

③肾脏是否肿大、变形、软化，判断是否肠毒血症。

④胸腔是否积液及液体的性状，心外膜及心冠脂肪是否出血，心包是否积液，肺脏是否有出血、肝变、肉变、实变及化脓灶，胸膜是否粘连，判断是否为巴氏杆菌病，绵羊肺炎支原体感染。

⑤胃肠内容物是否充盈及食物性状、气味，胃肠黏膜是否有出血、黏膜脱落、坏死或增厚，判断是否乳酸性酸中毒、小反刍兽疫、副结核。

⑥检查脑部中脑脊液是否增多，大脑表面有无充血、出血、坏死点及包囊，判断有无李氏杆菌性脑炎、缺硒性脑炎及多头蚴病。

四、现场病料的采集及生物安全防护

采集可疑病变组织是从事兽医实验室检测、诊断及科学研究的前提与基本要素。正确的采样方法和操作程序不仅直接关系到病料实验室检测的准确性，同时也可减少传染性病料在采样中的污染及对采样人员可能造成的感染风险。

1. 病料采集的目的

（1）未知病原材料的检测——疫病实验室诊断。

（2）目标性病料的检测——流行病学的调查、免疫抗体检测。

2. 病料采集的原则

（1）掌握被采集动物的现场流行病学资料与临床背景。

（2）无菌操作。

（3）注重个人生物安全，防止气溶胶或直接接触感染。

（4）器材、尸体、环境的消毒。

3. 病料采集的操作程序

（1）采样前首先进行现场流行病学调查或询问，重点是：病史、临床症状、免疫、用药、饲料。查阅相关文献，了解相关背景知识。

（2）采样前的准备工作：

①采样前准备消毒液、防护服、防护目镜、鞋套、采样器具、记号笔等。

②剖检及采样场地选择：远离畜群、避风，易于处理尸体。

③检查采样者手指有无伤口并戴一次性消毒手套。

（3）按无菌操作程序逐项进行剖检与采样：

以羊为例，尸体外表检查→剥离皮肤→消毒肌肉与腹膜→肝、脾、肾→肠系膜淋巴结→病变肠管（结扎取样）→胸腔→心、肺、气管→喉头→脑。

（4）病料保存和记录：按常规检测目的，分别保存、标记（羊场、病料名称、时间等）。

（5）采样过程的消毒及尸体的处理：

①采样器械酒精火焰消毒或消毒水浸泡、洗涤。

②尸体、垫布装入防渗袋运往指定地点深埋或焚烧，剖检地方采用消毒液浸泡后冲洗或用石灰水喷洒后清理。

4. 现场剖检与病料采集应注意的几个问题

（1）必须在充分了解动物病史、流行病学与临床症状基础上进行有目的、有重点的剖检和病料采集。

（2）了解动物疾病可能对人、畜及环境带来的污染、感染或扩散风险。

（3）严格无菌操作程序，但病料表面不易过度烧烙，防止温度过高杀死目的病原，关键是器械的消毒。

（4）采样应与剖检观察相结合，先针对性地无菌采集具有病变的组织，再进行详细观察，以全面了解疾病的病理特征，有助于实验室诊断。

（5）采样中生物安全重点是采样者的手臂、鞋、采样器械污染及气溶胶致黏膜感染，应重点防护，必要时穿戴防护服。

5. 采样的种类及其用途

根据疾病种类、性质、病原体或抗原抗体存在的部位及检测目的，采集不同的病料。

（1）血清及血液样本：血清样品常采用颈静脉采血，分离血清后送检，全血则需加抗凝剂。血清主要用于检测血清中可能存在感染性抗体或抗原；血液样品主要用于检测全身性感染或处于病毒血症、菌血症时分离病原，或采用聚合酶链式反应（PCR）检测其核酸；采集出生羔羊的脐带血或未吃初乳的刚出生羔羊静脉血，分离血清，用于检测抗体以查明有无疾病垂直传播。

（2）乳汁：主要用于检测患乳房炎母羊乳中可能存在的病原体种类。乳样采集时操作者应戴一次性乳胶手套，先清洗并消毒患病母羊乳头，挤出前几滴奶后取样，必要时采用乳导管取样。

（3）口、鼻、直肠、生殖道分泌物棉拭子采集：用于活体样品中病原体的分离，抗原及核酸的检测。采用灭菌棉棒从深部黏膜表面粘取分泌物，置灭菌生理盐水或甘油生理盐水中冷藏送检。

（4）胃肠内容物、肠系膜淋巴结、肠黏膜病料：主要用于消化道感染、中毒性疾病。检测样品中细菌、病毒抗原、病毒核酸、真菌毒素、有毒物质及肠黏膜病理组织学变化。无菌取有病变的小肠10~15cm，两端将内容物集中后结扎，置无菌采样袋中。

（5）肝、脾、淋巴结、肾、肺、心血、脑组织的样品：用于某些全身性感染、败血症、急性死亡病例。检测样品中的病原体、抗原或核酸。按顺序无菌采集有病变部位组织（2~3cm^2）置于灭菌平皿或采样袋中；心血、胸水、腹水及脑积液可用无菌滴管或注射器抽取。用于病理切片检查的上述病料则保存于10%福尔马林中。

（6）关节液样品：用于检测由病原体如大肠杆菌、沙门氏菌、棒状杆菌、化脓性链球菌引起的关节炎。对表现关节肿大的羊只，可选未破溃的病患关节，表面剪毛消毒后，用一次性注射器抽取无菌生理盐水或营养肉汤2~3ml，注入关节腔内，挤压关节后抽取液体（0.5~1ml）注入灭菌试管中待检。

6. 病料的保存、运送和背景资料的记录

（1）所有采集的病料，必须在容器上用记号笔注明病料来源、动物名称、病料组织、采样时间，并填写采样单或记录。

（2）各类组织病料采集后应置于盛有足够冰块的保温冷藏箱中，在24h内送到实验室，如不能当天送到的样品可先放在4℃冰箱过夜，并于第二天内送到。不能按期送检的病料可置于-85℃超低温冰箱保存。

（3）用于细菌、支原体检测的棉拭子可在4℃保存不超过72h，用于检测抗体的血清样品可在4℃保存不超过7天。供组织学检测的标本或样品应迅速置入10%福尔马林中，不能常温冷藏或冷冻。常温保存超4h，或已冷冻的组织不能作为病理组织学检测样品。

（4）属于下列情况时，病料样品为不合格，并失去检验价值：

①供细菌分离的病料已在非-85℃条件下冻结保存过。

②病料因冷藏温度不当已出现腐败现象或超过其保存时间。

③送检病料因容器破裂而污染或容器未经灭菌处理的病料。

④无任何标记的病料。

⑤供病毒分离的病料未按要求在-85℃条件下或液氮中保存。

⑥送检病料时无确定标记，无采样单及发病羊只的临床背景资料。

五、病原材料的实验室检验程序

1. 细菌学检测

（1）病料镜检：病料涂片瑞氏或姬姆萨染色镜检。

（2）增菌培养：病料接种LB肉汤或羊支原体肉汤增菌，培养物革兰氏染色镜检。

（3）分离培养：肉汤培养物接种于选择培养基（麦康凯琼脂平板、血琼脂平板、亚锑酸钾琼脂平板、支原体固体培养基等），观察并挑选可疑典型菌落涂片革兰氏染色镜检，琼脂斜面保存分离株。

（4）分离株鉴定：生化鉴定、PCR鉴定、病原核酸序列测定与同源性比对。

2. 病毒PCR检测

特异性引物设计与合成、病料或培养物DNA提取、PCR扩增、扩增产物送检进行序列分析。

3. 免疫学检测

（1）粪便、鼻咽分泌物、发热期的血液采用双抗体夹心法检测抗原。

（2）血清样本采用血凝、血凝抑制、琼脂扩散和间接ELISA等方法检测特异性抗体。

（3）肺、肝、脾、淋巴结冰冻切片，采用免疫组化法或免疫荧光抗体技术检测抗原阳性细胞。

4. 病理组织学检测

采用常规石蜡切片，染色镜检观察组织学变化。

5. 动物试验

病料及病原分离株培养物接种家兔（肌肉注射）、小鼠（腹腔注射），观察其病死情况，采用培养法回收病原菌或采用特异性PCR法检测组织中的特异性病原核酸。必要时采用本动物进行人工感染试验来确诊。

第八章　规模化羊场常见疾病类别诊断

一、围产期母羊常发疾病的类别诊断

（一）妊娠毒血症

妊娠毒血症是产前母羊的一种急性代谢性疾病，又称妊娠病、双羔病、酮病、产羔瘫痪，多发生于第二胎怀有双羔、三羔的瘦母羊和肥胖母羊。临床以母羊产前2~4周表现低血糖、酮血、酮尿、衰弱、失明和休克死亡为特征，是多胎母羊的一种高发疾病。

1. 病因

（1）低血糖症：多发生于妊娠的最后6周之内，此期羔羊生长迅速，尤其是怀有双羔、三羔的母羊，其对饲料中的糖源饲料(如谷类饲料)的需求量增加，当饲料供给不足时，则造成母羊的低血糖性妊娠毒血症。

（2）高酮血症：当产前母羊消瘦或过于肥胖而血糖过低时，母羊动用组织中的脂肪使其转变为葡萄糖，在脂肪代谢（糖源异生）过程中产生酮体（丙酮、乙酰乙酸、β-羟丁酸）并聚积，引起酮体性妊娠毒血症。

（3）应激性因素：当妊娠母羊受到运输、转群、不良气候、拥挤、饲料霉变及疫病感染等因素影响，造成摄取谷物量下降时，引起低血糖或酮病，并发妊娠毒血症。

2. 诊断要点

（1）产前一个月母羊，尤其是第二胎多胎母羊陆续出现离群独处、饮食减少、运动失调、头部高昂、惊厥、肌肉震颤、失明等神经症状，最后昏厥、休克和衰竭死亡。病程1~10天不等，发病率为20%~40%，病死率为80%以上。

（2）尸体解剖特征：病死母羊眼结膜发绀或黄染，肿大的肝脏因脂肪变性而呈暗淡黄色，易碎（图8-1），两侧肾水肿，切开子宫发现2~4个发育良好的死亡胎儿，个别已腐败。较肥壮单胎母羊可见胸腹壁有大量脂肪沉积，心包、肾、肠道被脂肪组织包裹。

图8-1　妊娠毒血症死亡羊肝脂肪变性、肝脏肿大黄染

（3）患病母羊血糖低于25mg/100ml血（正常为40~60mg/100ml血），用酮尿试纸检测为阳性。

（4）给患病母羊静脉注射葡萄糖酸钙后无反应，静脉注射碳酸氢钠后也无反应，可排除低钙血症和乳酸性酸中毒。

3.防治

（1）分群管理与分阶段的饲养。全舍饲多胎羊群，可根据生产记录或借助B超检查，将头胎与二胎以上母羊分群饲养，并根据同群母羊体况分栏饲养，减少母羊过肥或过瘦，怀孕最后两个月，应增加饲料中的能量和蛋白质，每只母羊每日至少保证250g玉米或大麦等谷物，饲料中蛋白质维持在11%。

（2）消除发病诱因，改善饲养环境。防止炎热、寒冷、过于拥挤、舍内潮湿、通风不良、饲料霉变等不良因素刺激，维持母羊神经—内分泌生理平衡，保证营养物质摄取与利用。

（3）发病早期给母羊灌服生糖物质，如甘油、丙二醇，每只每天200g，用温开水冲服，每天两次，连续3天；肌肉注射地塞米松以增加血糖，缓解病情，减少母羊死亡。对于临产母羊采用激素诱导分娩或剖腹产可使胎儿获救，并有利于母羊康复。

（二）接触传染性无乳症

接触传染性无乳症是由无乳支原体经消化道及黏膜感染引起绵

羊和山羊的一种急性或亚急性传染病，临床上以乳房炎、结膜角膜炎及关节炎为特征。怀孕绵羊发病后可引起败血症死亡，由于体况降低，无乳，流产以及治疗费用增加等造成经济损失。

1. 病因

无乳支原体是本病特殊病原体，山羊支原体亚种、结膜支原体、腐败支原体等也可引起绵羊与山羊的乳房、眼结膜及关节感染。

本病无品种差异，妊娠母羊尤其是妊娠的后三分之一期间的母羊最易感，以秋末、冬春季节发病率较高，全舍饲羊最易感染。

病原体通过污染的饲草料、饮水经消化道感染，也可通过结膜接触性感染。病原体经小肠增殖后进入血液引起菌血症，并侵入内脏各脏器，最终定居于乳房、子宫、眼结膜及关节内，引起一系列病理损伤。病原体随粪便、乳汁、眼鼻分泌物、破溃的关节渗出物、流产胎儿及分泌物污染环境，引起更多绵羊的感染。

2. 诊断要点

（1）临床特征：自然感染潜伏期为1~2个月，病羊早期体温升高到40~41℃，精神沉郁，食欲下降，一侧或两侧眼结膜充血，眼睑红肿，角膜呈黄色混浊，乳房初期炎性肿胀，后逐渐萎缩，产奶量降低。一侧膝关节和跗关节肿胀、跛行，个别关节周围皮肤破溃流出淡黄色渗出物，个别母羊流产，病程7~30天。在一个发病母羊群中，乳房炎、关节炎、眼结膜可同时出现，也可能以一种临床表现为主。

（2）剖解特征：病死羊眼角膜混浊，表面有芝麻大黄白色坏死灶；角膜与虹膜粘连。关节肿大，切开后流出含纤维蛋白的黄色渗出物；一侧或两侧乳房萎缩，切开乳腺组织呈纤维化增生，质地变硬，多数病死母羊可见弥漫性腹膜炎。

（3）感染母羊的乳汁呈黄色，pH值7.8~8.0，静置后上层为浅绿色，下层为黄白色凝结沉淀块。

（4）无菌采集发病母羊乳汁、发病期血液、眼分泌物及关节抽取物进行无乳支原体培养，培养物进行PCR检测或直接对病料进行PCR检测。

3. 防治要点

该病目前尚无商品化疫苗用于预防及特效药物用于治疗。羊群发病后应及时采取以下措施，以控制进一步扩散。

（1）迅速将可疑发病绵羊进行隔离，单独饲养。

（2）彻底清除发病绵羊圈舍粪便，采用2%~4%烧碱或10%石灰乳喷洒地面，尽可能使污染圈舍空置1~2个月，经彻底消毒后使用。

（3）所有可能污染的粪便、垫草、饲料、死亡羊只以及流产胎儿及胎盘应进行焚烧或定点深埋处理。

（4）从无病地区引进健康羊只。

（三）乳房炎

乳房炎是泌乳绵羊的一种非接触性急性传染性疾病，以乳腺严重坏死性炎症、泌乳减少和全身性毒血症死亡为特征，是目前规模化舍饲羊场尤其是多胎母羊的高发疾病。

1. 病因及发生

（1）病原体：金黄色葡萄球菌和溶血性曼氏杆菌是绵羊乳房炎的重要致病菌。前者存在于动物的皮肤与黏膜及环境中，后者存在于健康绵羊呼吸道及肺炎绵羊的肺脏中。

（2）主要通过乳房机械性传播。母羊乳头接触被病原体污染的地面或垫草时感染；也可通过羔羊吮乳时感染，特别是当羊群存在羔羊传染性脓疱并继发感染葡萄球菌时，患口腔脓疱的羔羊吮乳时，经口唇将葡萄球菌传给易感母羊的乳头。圈舍的某些昆虫如蝇类可将病原传给易感母羊的乳头而引起乳腺炎症。

（3）本病的发生无绵羊品种差异，但在新疆地区多发生于多胎绵羊，以二胎或三胎母羊较多，在母羊分娩和断奶之间的5~6周龄发病率较高。

2. 诊断要点

（1）潜伏期1~2天，患病母羊体温升高至39.5~40.5℃，离群独处，食欲下降，拒绝羔羊吮乳，由于痛疼而持续站立，勉强走动时表现跛行。

（2）单侧乳房，特别是乳头周围皮肤水肿，呈黑紫色，触之皮肤变凉、发软、下坠，并有恶臭的腺体碎片脱落，此型为坏疽型，多由金黄色葡萄球菌引起。当患羊乳房急性肿胀、坚硬呈红紫色，乳汁呈脓性，此型又称坚硬性乳房炎，多由溶血性曼氏杆菌感染所致，但多数病例是由两种病原体混合感染（占80%以上）或由其他病原体共同参与感染。无论何种病型，患羊都由于毒血症和休克而死亡，病程1~4天。

（3）剖检变化仅限于患病的乳房。

（4）从患病乳房组织中分离出金黄色葡萄球菌和溶血性曼氏杆菌可确诊。现场诊断时，无菌取少量乳汁直接涂片，瑞特氏染色镜检，发现呈3~5个排列的球菌或发现呈两端浓染、带荚膜的球杆菌时可初步确诊。

3. 防治

目前尚无商品化疫苗应用于绵羊乳房炎的预防。发病羊场做好母羊产后乳头消毒及泌乳母羊舍地面消毒。确诊有羊传染性脓疱的羊场进行疫苗免疫预防，及时治疗患病羔羊，可降低本病的发病率。

发病母羊应早期采用青霉素和链霉素或青霉素与磺胺嘧啶钠注射液联合治疗，首次量加倍，随后维持治疗3~5天。也可给易感母羊的饲料中添加磺胺二甲基嘧啶或土霉素连续饲喂3~5天。对于全身反应较大的患羊应及时静注葡萄糖、电解质、维生素C及抗生素，以缓解全身反应，防止毒血症的发生，必要时注射地塞米松，以防止母羊休克死亡。

（四）低钙血症

低钙血症是妊娠母羊、产后母羊及育肥羔羊的一种急性代谢性疾病，特征是病羊表现抽搐、运动失调、后肢麻痹和昏迷。

1.病因

（1）长期饲喂缺钙饲料，尤以怀孕后期饲料中钙补充不足时。

（2）饲料突然改变，由牧场转入育肥场的初期。

（3）剧烈运动，驱赶，运输时的禁食等。

上述原因均可导致绵羊对钙的需要量突然增加，导致血钙的降低。当100ml血液中血钙降至3~6mg时出现临床表现。

2.诊断要点

（1）妊娠后期、泌乳的前几天、育肥羊在转场到达目的地1~3天后表现运动失调、惊厥、昏迷者应怀疑本病。

（2）血液中血钙降至3~6mg/100ml。

（3）静脉注射葡萄糖酸钙有效。

3.防治

（1）妊娠期母羊饲料中添加1%的石粉或磷酸氢钙。在运输育肥羔羊或公羊的前几天应补充含钙饲料（如苜蓿粉）或补饲含3%的石粉精料。

（2）出现症状的绵羊可静脉注射10%的葡萄糖酸钙50~100ml。

（五）巴氏杆菌病

该病是由多杀性巴氏杆菌和溶血性曼氏杆菌经多种途径感染引起绵羊的一种急性、热性、传染性肺炎。临床上以发热、鼻漏、呼吸困难、急性死亡为特征，病理学上以出血性肺炎和胸膜炎为特征。该病是规模化舍饲绵羊中的一种高发传染病，由于病死率很高，给养羊业造成较大损失。

1.病因

（1）该病的病原主要是荚膜A型多杀性巴氏杆菌和溶血性曼氏杆菌（原名溶血性巴氏杆菌），属于巴氏杆菌科不同属成员，革兰

氏阴性兼性厌氧小杆菌，在病料涂片瑞氏染色中呈两极浓染和不明显的荚膜，两种病原均存在于健康绵羊上呼吸道中，通过呼吸道和消化道感染。

（2）该病的发生常与环境应激与继发感染有关，如高温、寒冷刺激、更换饲草料、饥饿、羊舍密度过大、拥挤、通风不良、潮湿与卫生不良、运输、非季节性剪毛、断奶、断尾、转群、药浴、预防接种、惊吓、患口膜炎、羊痘、疥癣、羊鼻蝇疽病、腹泻等造成绵羊抗病力下降时，存在于上呼吸道的病原菌大量繁殖并侵入肺脏而引起肺炎与全身性败血症。

（3）本病无明显的季节性及品种、年龄差异。在新疆多发生于春末羔羊转场育肥期及秋末集中育肥期，以当年6~8月龄羔羊及分娩不久的母羊发病率较高。

2. 诊断要点

（1）当羊群中陆续出现健壮的羊只急性死亡，病程2~3天，病羊拒食、卧地不起或低头呆立、体温41℃左右，两鼻孔流黏性脓性或带泡沫血液的鼻液，咳嗽、喘气、呼吸困难时可提示本病。

（2）剖检病死羊可见胸腔积液，呈淡黄色带纤维素性凝块，肺门淋巴结，纵膈淋巴结肿大、充血，肺表面呈广泛围的出血点和出血斑，病程较长者肺呈局限性实变，肺叶与胸膜粘连（图8-2、图8-3）；心包积液，心外膜与心冠脂肪有出血点和出血斑；肝肿大、表面有灰白色或淡黄色坏死灶，根据上述病变可初诊本病。

图8-2　出血性败血症死亡羊心外膜及心冠脂肪出血

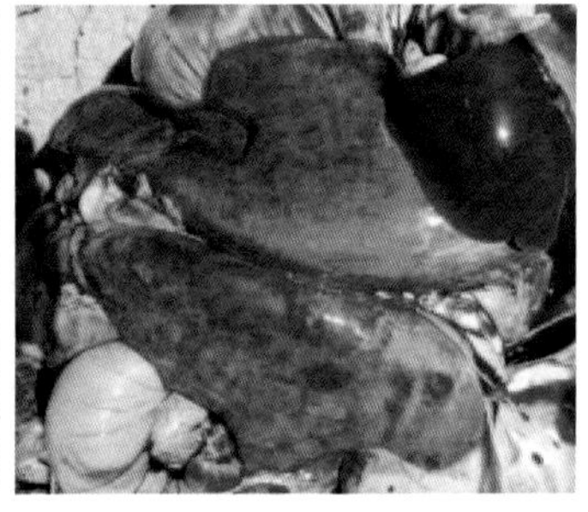

图8-3　出血性败血症死亡羊肺脏出血

（3）无菌采取心血、肝、肺组织涂片，瑞特氏染色镜检，发现有较多两极浓染的小杆菌时可确诊。进一步诊断可从上述病料中分离细菌，根据培养特性、生化特性及PCR方法进行鉴定。

3. 防治要点

（1）改善饲养环境，消除发病诱因。

（2）全群饲料中投入磺胺二甲基嘧啶，连用5~7天。

（3）发病早期注射替米考星、氟苯尼考或恩诺沙星，每天一次，连用3天。由于该病病程较短，治疗常难奏效。

（六）羊链球菌病

本病是由羊溶血性链球菌经呼吸道感染引起绵羊的一种急性、热性、败血性传染病，临床上以下颌淋巴结和咽喉炎性肿胀，全身广泛性出血为特征。

1. 病因

（1）羊溶血性链球菌为马链球菌兽疫亚种，属C群，革兰氏染色阳性，病变组织涂片，瑞氏染色镜检多呈双球状，具有荚膜，心包液或腹水中涂片镜检则呈长链。在羊血琼脂板上呈 β 溶血。

（2）本病的发生多与环境应激及不良气候、饲养管理影响有关，如圈舍拥挤、通风不良，寒冷刺激等。

2. 主要特征

（1）围产期母羊多发，在新疆地区以2—4月间气候多变及集中产羔期多发。

（2）新发羊场多呈急性经过，发病率和死亡率均较高。

（3）常与产气荚膜梭菌、大肠杆菌混合感染。

（4）潜伏期3~7天，病羊体温升高41℃以上，呼吸困难，咽喉肿胀，孕羊常流产，产后母羊腹下及乳房炎性水肿，死前呈角弓反张，病程2~3天。

（5）剖检全身广泛出血，全身淋巴结肿大出血，脾脏、肝脏

及胆囊肿大（图8-4）；心外膜出血，胸腔及心包积液呈纤维素性渗出物。

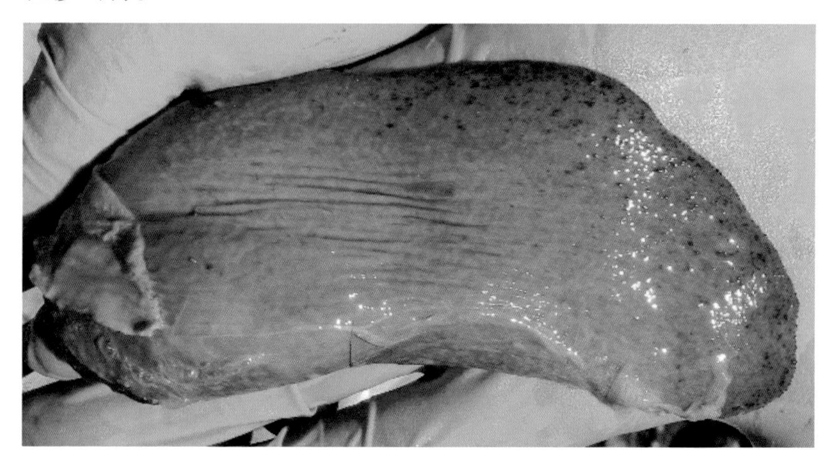

图8-4　链球病死亡羊脾脏肿大、边缘钝圆

3. 实验室诊断

无菌取肝、脾、淋巴结组织涂片，瑞氏染色镜检，发现呈双排列带荚膜的球菌。心包液或胸腔渗出物涂片染色镜检，发现呈3~5个排列的链球菌时可确诊。

4. 防治要点

改善饲养环境，减少不良环境应激，羊舍定期消毒。发病早期及时采用青霉素和磺胺肌注治疗，连用3~5天，同群羊只可用青霉素肌肉注射预防。

二、怀孕母羊流产综合征

（一）布鲁氏菌病

该病是由布鲁氏菌经多种途径感染引起多种动物及人的一种慢性人畜共患病。怀孕母羊感染后以流产为特征。是养羊场重点防控与净化的人畜共患病。

1. 病因

由羊种布鲁氏菌感染。感染母羊发生菌血症，细菌经血液循环进入胎盘及胎儿体内繁殖，导致胎儿败血症死亡及绒毛膜组织坏死而引起流产。

2. 临床特征

（1）怀孕第四个月流产、死胎、体温升高，生殖道排出红色脓性分泌物，流产母羊多表现胎衣滞留。

（2）剖检胎儿皮下胶样浸润，全身败血症表现。

3. 实验室诊断

（1）被检血清采用布鲁氏菌试管凝集试验阳性>1:50，虎红平板凝集呈强阳性。

（2）流产胎儿第四胃或生殖道分泌物，布鲁氏菌分离培养。

（3）上述病料进行PCR检测。

4. 综合防治

（1）免疫接种：实施计划免疫的羊场在进行检疫基础上，对血检阴性的后备母羊采用布鲁氏菌S_2号疫苗口服免疫，每只0.5ml。

（2）定期检疫：实施检疫净化而不免疫的羊场，每年对后备母羊进行1~2次检疫，血清学检测阳性者严格扑杀处理。

（3）严格消毒：流产胎儿及胎盘用生石灰粉覆盖后尽快无害化处理，污染环境用20%石灰水或2%氢氧化钠喷洒严格消毒。

（4）生物安全：防止引入感染羊只，从业者做好卫生管理与生物安全自我防护。

（二）衣原体性流产

该病由衣原体经消化道与呼吸道感染引起怀孕母羊的一种亚急性传染病，临床上以发热、流产、死胎及产弱羔为特征，又称“母羊地方性流产”。

1. 病因

由流产亲衣原体感染。衣原体通过流产的胎衣、胎儿及分泌物污染饲草料和环境后经消化道和呼吸道进入感染母羊体内，经血液循环侵入绒毛膜上皮细胞及绒毛膜血管内皮细胞中并增殖，导致细胞溶解与死亡，引起胎盘炎、胎儿血液循环受阻，造成流产与死胎。

2. 临床特征

（1）多发生于山区牧场集中产羔期，山羊及绵羊场均可发生。

（2）以怀孕最后一个月发生流产、死胎、弱羔、胎衣不下。

（3）母羊初次流产的发病率较高（30%~40%），第二胎即明显下降（5%）。

（4）剖检变化与布鲁氏菌病流产相似。

3. 实验室诊断

（1）取流产胎儿肝脏、胎盘组织或绒毛子叶表面涂片，姬姆萨染色镜检，可见细胞浆内深紫色包涵体和深蓝色的球状体（始体）。

（2）上述病料接种鸡胚卵黄囊，取囊膜涂片染色镜检细胞内包涵体。

（3）取流产后10~14天母羊血清，采用间接血凝试验（IHA）方法检测衣原体抗体。

（4）取上述病料或鸡胚卵黄囊膜组织进行PCR检测。

4. 综合防治

（1）及时隔离流产母羊，并对流产胎儿、胎盘及分泌物清除，焚烧或深埋处理。

（2）流产母羊污染环境用20%石灰乳或2%烧碱进行消毒。

（3）流产母羊出现体温升高时可进行抗生素全身治疗，但对防治流产无效。

（三）弯曲菌性流产

该病是由弯曲菌经消化道感染引起怀孕母羊的一种急性接触

性传染病，临床上以怀孕后期流产、死胎与产弱羔为特征。由于该病具有较高的发病率及造成部分患病母羊死亡而给养羊业造成较大损失。

1. 病因

由胎儿弯曲菌胎儿亚种及空肠弯曲菌引起。经消化道感染，健康母羊的胆囊和肠道带菌。细菌经血液循环进入胎盘及胎儿体内，引发炎症反应及病理损伤导致胎儿死亡。

2. 临床特征

（1）多发于舍饲母羊。

（2）以产羔集中的春季多发。

（3）产前6~8周多发。

（4）流产、死胎、弱羔。

（5）流产后不影响配种，第二胎怀孕很少流产。

（6）流产胎儿皮下水肿，肝表面呈黄白色坏死灶。

3. 实验室诊断

（1）无菌取胎膜绒毛子叶或流产胎儿胃内容物、肝、胆囊涂片，姬姆萨染色镜检，可见弧状、螺旋状或海鸥状杆菌（图8-5）。

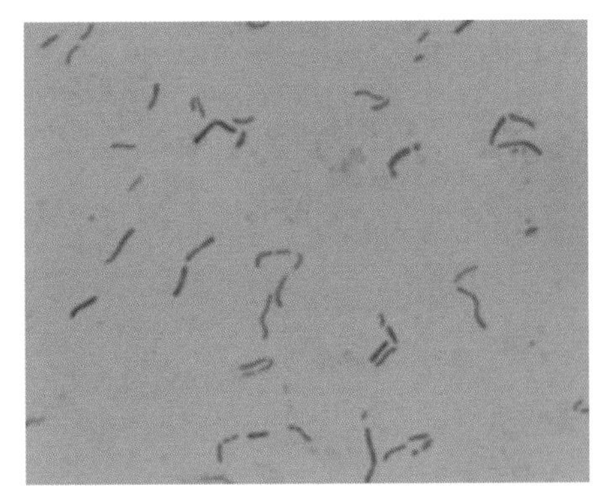

图8-5　胎儿弯曲杆菌增菌肉汤中的菌体形

（2）上述病料接种鲜血琼脂平板，5%~10% CO_2，37℃培养，可疑菌落进行涂片革兰氏染色镜检。初次培养物为革兰氏阴性，菌体两端尖，继代后可呈弯曲丝状或球状。

（3）培养物或病料进行特异性PCR检测。

4. 综合防治

（1）防治措施见“衣原体性流产”。

（2）怀疑有本病发生的羊场，可在怀孕母羊产前7~8周饲喂土霉素，每只每天80mg，连用5天，可减少流产发生率。

（3）国内尚无疫苗。

（四）沙门氏菌性流产

该病是由多种沙门氏菌经消化道感染引起怀孕母羊的一种急性、热性传染病，又称“副伤寒流产”。临床上以发病母羊发热、厌食、精神沉郁、腹泻、流产前后死亡及全身败血性病变为特征。由于该病不仅给养羊场造成较大危害，而且给食品安全带来隐患，因此被列为规模化羊场重点防控的疾病。

1. 病因

鼠伤寒沙门氏菌，羊流产沙门氏菌，都柏林沙门氏菌为革兰氏阴性短杆菌。健康母羊肠道及胆囊中带菌，经消化道感染。不良气候、圈舍潮湿、卫生不良、剪毛、药浴、运输、转群、突然变换饲料、免疫注射等应激因素可诱发本病。

2. 临床特征

（1）多发于初产母羊，以分娩前1个月多发。

（2）流产、死胎及正产胎儿的死亡。

（3）疫病持续期10~15天，流产与死胎率达到60%。

（4）患病母羊在流产前后1~2周体温升高，精神沉郁，腹泻，病死率5%~10%。

（5）存活胎儿表现精神沉郁，腹泻，常于7天内死亡。死亡率达到10%。

（6）剖检流产母羊和产后死亡胎儿可见肝、脾肿大，呈黄白色坏死灶。肠黏膜出血及坏死灶。已发生流产或死产死亡母羊的子宫内常有坏死的胎盘。

3. 实验室诊断

（1）无菌取流产死亡母羊和死亡羔羊的肝、脾涂片，瑞特氏染色镜检，见短杆菌时可初诊。

（2）上述病料接种于麦康凯琼脂平板和亚硒酸盐增菌液，5%CO_2，37℃培养24h。取无色菌落及肉汤培养物涂片革兰氏染色镜检。

4. 综合防治

（1）改善饲养环境，减少不良应激，提高抗病力。

（2）强化舍内饲料与饮水卫生措施。

（3）灭鼠。

（4）隔离流产母羊并及时对流产胎儿、胎盘及污染的垫草进行无害化处理，对污染的地面进行严格消毒。

（5）采用喹诺酮类药物对发病母羊进行治疗。

（五）李氏杆菌性流产（见羔羊脑炎综合征部分）

三、羔羊脑炎综合征

（一）李氏杆菌病

本病又称旋转病或青贮病，是由存在于青贮、微贮、黄贮饲草中的单核细胞增多性李氏杆菌引起牛、羊、猪与人的一种非接触性传染病。羊以脑炎和流产为特征，在使用青贮饲料的育肥羊群中普遍发生。由于本病治愈率低、死亡率高、育肥羔羊掉膘、母羊流产等造成羊群较大的经济损失。已查明，自2000年以来，本病已在新疆多个地区发生。

1. 病因

绵羊发病主要与饲喂变质青贮饲料及继发感染有关。李氏杆菌在pH值高于4.5的青贮草料中易于生长繁殖，尤其是青贮窖内四周（pH值较高）或已变质的草料中含有大量的细菌，当绵羊饲喂带菌青贮时经口唇黏膜或受伤的唇鼻皮肤感染。在新疆本病发生于各种年龄的绵羊，但以4~6月龄圈养的育肥羔羊最多，以早春、晚秋多发。羊只患鼻蝇蛆和羊口疮时常继发本病。

2. 诊断要点

（1）在以青贮、微贮、黄贮为主要饲草的圈养羊群中，陆续发生以脑炎及神经症状为主的病例时，应提示本病。

（2）病羊发病早期主要表现精神沉郁，轻度发热（39.7~40℃），3~4天后表现为低头呆立，行走时朝一侧方向，后躯摇摆，卧地时头颈总是偏向一侧，严重时头颈后仰，个别病羊一侧耳下垂，发病后多在一周内衰竭死亡（图8-6）。母羊在妊娠的后三分之一期间发生流产。

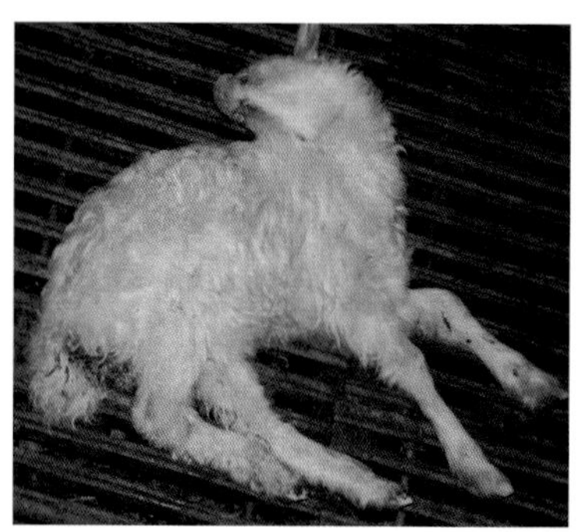

图8-6　患李氏杆菌病羔羊脑炎症状、头颈偏向一侧

（3）剖检病死羊，可见肝、心外膜及心耳表面有少量针头大至黄豆大灰白色或黄色坏死灶，严重时心外膜呈斑状和点状出血点，心包粘连，脑膜显著充血，脑组织有大量小点出血，脑脊液增多（图8-7）。

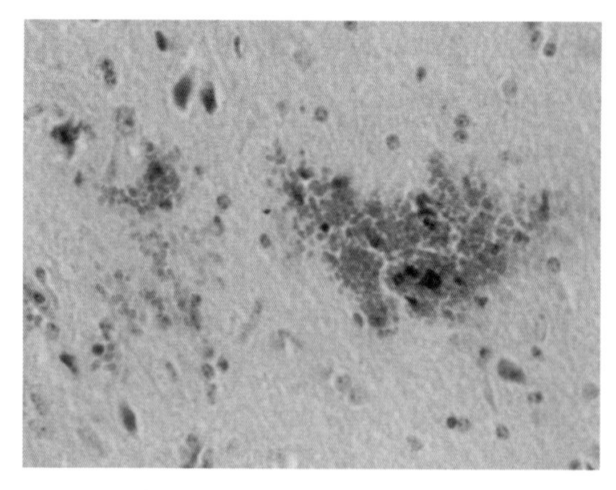

图8-7　患李氏杆菌性脑炎羔羊脑组织病理切片，显示脑毛细血管出血，炎性细胞浸润

（4）无菌取脑组织研磨置4℃贮存3~4天后，可从中分离到纯的李氏杆菌，脑脊液涂片和病变脑组织涂片瑞特氏染色镜检，可见数量不等的细杆菌，稍弯曲的短杆菌。病理组织切片可见大量的单核细胞、嗜中性粒细胞和淋巴细胞。

3.防治

（1）制备优质青贮饲料，提高青贮草料中酸度，是控制本病的有效方法。

（2）避免饲喂变质或窖内四周易于细菌污染的青贮，可减少本病的发生。

（3）一旦发生本病应将动物移到其他栏圈、改变饲料、尸体深埋，可防止疫病进一步蔓延。

本病治疗常难奏效。

（二）肠球菌性脑炎

该病是由致病性肠球菌经消化道感染引起羔羊的一种非接触性传染病，临床上以体温升高、脑炎症状及致死率高为特征。国内首次报道是由齐亚银等从新疆一规模化羊场发生羔羊脑炎的脑组织中分离并鉴定为粪肠球菌与屎肠球菌，并经人工感染羔羊复制典型病例而确定，为国内新发绵羊传染病。1999年以来，先后在新疆多个规模化舍饲羊场羊群中发生。

1.病因

从致羔羊脑炎死亡的脑组织中分离获得的致病性肠球菌多为粪肠球菌和屎肠球菌。该菌为革兰氏阳性球菌，病料涂片瑞特氏染色镜检呈双球菌或3~5个排列，具有荚膜。该菌对环境的耐受性极强，在10~45℃均能生长，多数可耐受60℃ 30min，对酸、碱、高盐及胆盐耐受，具有多重耐药性，可携带多种毒力因子，被称为“超级细菌”。羔羊多经消化道感染。环境应激，使用含抗生素精料或口服抗生素后导致菌群失调，使耐药性产毒性肠球菌大量增殖，穿越肠壁经血液进入脑组织而发病。

2. 临床要点

（1）多发于舍饲育肥羔羊，以生长快的肉羊品种最易感。

（2）多发于2~6月龄断奶羔羊，无季节性。

（3）病羔表现体温升高，低头呆立，强行驱赶时共济失调，死前呈角弓反张，病程3~7天（图 8-8、图 8-9）。

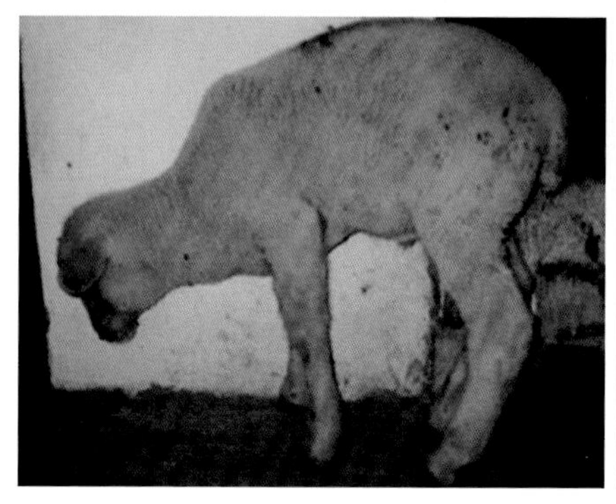

图8-8　羔羊肠球菌性脑炎神经症状，低头呆立

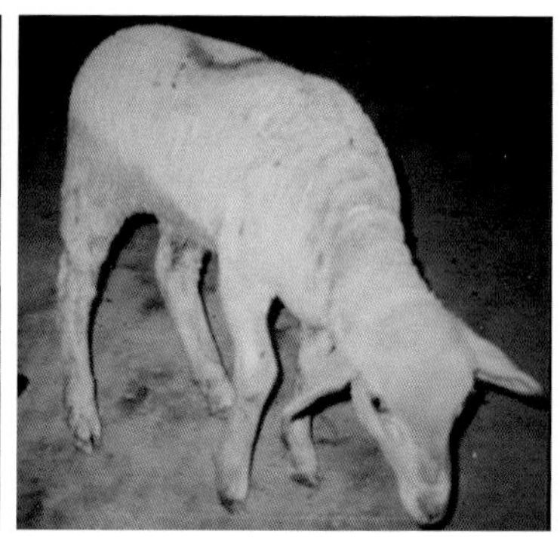

图8-9　羔羊肠球菌性脑炎症状，关节肿大

（4）剖解可见脑膜充血，出血，脑回间广范围出血；脾、胆囊肿大，全身淋巴结肿大出血，心包积液，心外膜，心耳出血斑。

3. 诊断要点

（1）无菌取病死羔羊大脑、心血、肝、脾、淋巴结等涂片瑞特氏染色镜检，可见呈双或3~5个短链排列的球菌。

（2）取上述病料分别接种LB 肉汤及鲜血琼脂板，挑取 β 溶血菌落进行革兰氏染色镜检，可见呈短链的G^+球菌。

（3）病料或培养物接种小鼠，24~26h 死亡，取肝、心血涂片镜检。

（4）分离菌进行RT-PCR 鉴定。

4. 防治要点

（1）避免滥用抗生素。

（2）改善饲喂环境，减少环境应激。

（3）羔羊初生和断奶时分别注射亚硒酸钠维生素E注射液。发生本病时采用抗生素治疗多不能奏效。

（三）多头蚴病（脑包虫）

该病是由多头绦虫的幼虫寄生于绵羊大脑而引起的一种神经性寄生虫病，俗称“脑包虫病”。在临床上病羊表现强制性转圈、共济失调，又称“摇摆病”“眩晕病”。

1. 病因

（1）多头绦虫的幼虫寄生于羊脑部而引起羊“脑包虫病”。

（2）狗是多头绦虫的终末宿主。狗吞食了含有多头蚴的羊脑后，蚴虫在小肠发育成多头绦虫，成熟的孕卵节片随粪便排出体外，卵囊污染饲草经消化道进入羊肠道，卵囊破裂，六钩蚴逸出，钻入肠道血管，经血液到达脑内经2~3个月发育成囊状多头蚴。

2. 临床特点

（1）多发于与狗接触的羊群中。

（2）以6~12月龄幼龄羊多发。

（3）根据寄生部位不同表现不同的脑炎症状，低头或抬头或头朝一侧行走。

（4）体温一般正常。

（5）剖检大脑可见大小不等的多头蚴包囊（图8-10）。

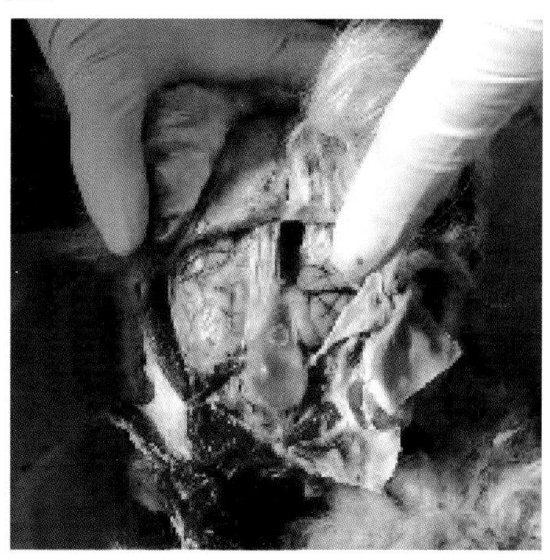
图8-10　绵羊脑部表面多头蚴包囊

3. 防治要点

（1）禁止将患病羊脑喂狗。

（2）防止野狗、狐狸进入羊群。定期定点给牧羊犬

驱虫，收集粪便无害化处理。

（3）患病羊群采用吡喹酮口服治疗，50~70mg/kg体重，连用3天，可降低其临床发病率。

（四）羔羊白肌病

本病是羔羊的一种亚急性代谢病。临床上以运动障碍和循环衰竭，骨骼肌、心肌变性及坏死为特征，又称营养性肌营养不良、缺硒症和僵羔病。本病在新疆是危害较大且高发的羔羊营养代谢病。

1. 病因

（1）妊娠母羊饲料饲草中缺硒，或在饲料中未添加含硒矿物质添加剂，母羊血中硒含量低于正常值。

（2）哺乳羔羊未及时补硒或母乳不足。

（3）饲料中缺乏维生素E。

（4）长期饲喂苜蓿草或三叶草等低硒饲草。

（5）饲喂过多精料或霉变饲料造成维生素E需要量增大。

2. 诊断要点

（1）2~6周龄羔羊表现运动软弱、站立困难、行走摇摆、呼吸加快、突然死亡，发病率在30%以上，致死率50%以上者，应怀疑本病。

（2）死亡羔羊骨骼肌尤以两侧股肌呈对称性白色坏死灶，表现肌肉切面肌纤维失去弹性，可见白色条纹（图8-11），心脏扩张、衰竭，心内膜及心室肌可见灰白或白色坏死区。肺充血、水肿。

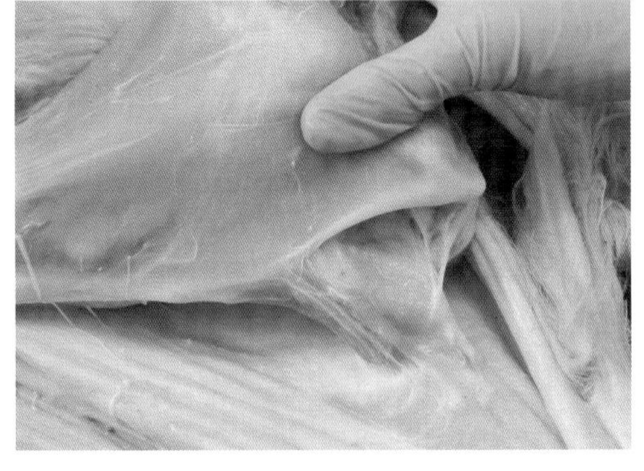

图8-11　患羔羊白肌病羊腿部肌肉白色条纹状

（3）测定血清谷草转氨酶为每毫升2 000~3 000单位。

（4）受损肌肉病理组织学检查可见肌肉细胞间积聚巨噬细胞。

（5）本病应与羔羊肠毒血症、李氏杆菌病及多头蚴病鉴别（见后）。

3. 防治

（1）在母羊妊娠的后半期和泌乳的第一阶段，补充含亚硒酸钠、维生素E的添加剂。

（2）每只母羊在产前一个月肌肉注射0.1%亚硒酸钠维生素E合剂5ml。

（3）羔羊在初生后第3天肌肉注射亚硒酸钠维生素E合剂2ml，断奶前再注射一次（3ml）。

（4）发病羔羊群应及时查明原因，早期诊断，并及时给全群补充含硒维生素E制剂。

上述（1）和（2）可选用一种。

（五）边界病

本病是由边界病病毒（BDV）经子宫内感染引起胎儿和初生羔羊的一种慢性接触性传染病，临床上以感染母羊所产羔羊被毛粗乱、发育不良和全身肌肉震颤为特征，又称“被毛颤抖病”。因其最初被发现于英格兰和威尔士的边界地区，故称“边界病”。该病在世界各地养羊地区发生，中国尚无确诊病例报道。

1. 病因

边界病病毒（BDV）属黄病毒科，瘟病毒属成员，与牛病毒性腹泻—黏膜病病毒（BVDV-MD）具有较高同源性。病毒主要存在于感染母羊流产的胎儿、胎膜及持续感染羊的分泌物和排泄物中，经呼吸道、消化道感染。怀孕母羊感染后，病毒经胎盘感染胎儿，导致胎儿脑神经胶体细胞损伤，干扰髓鞘形成而死亡，母羊流产及新生羔羊表现神经症状。

2. 诊断要点

（1）怀孕母羊出现较多的流产、死胎，初生羔羊瘦小、被毛粗乱不能站立、头颈及两后肢出现有节奏的震颤时应提示本病。

（2）无菌取流产胎儿和病死羔羊脑、脾组织，应用特异性荧光抗体检测BDV抗原；或采用反转录—聚合酶链反应（RT-PCR）检测BDV和BVDV核酸。

（3）取流产胎儿和病死羔羊脑组织进行病理组织学检查，观察可见脑和脊髓的髓鞘形成过低以及肿胀的胶体细胞性束间结节；或采用免疫酶组化法检测抗原的分布。

3. 防控

该病在国内尚未发现确诊病例，但随着绵羊的引种及BVDV在羊群的感染率增高，应防止由外引入。当规模化羊场怀孕母羊表现突发性流产、死胎及羔羊全身性肌肉震颤病例时应及时进行病原学诊断，隔离、扑杀感染羊只，防止扩散。目前尚无有效的疫苗用于预防。

四、育肥羊猝死综合征

（一）肠毒血症

本病是由D型魏氏梭菌毒素引起育肥羔羊的一种肠毒血症，特征是羊群中肥壮羔羊突然死亡、惊厥、高血糖，死后肾软化、心包积液及胸腺出血，又称“肥羔病”“软肾病”。本病常发生在育肥场中生长较快的羔羊。以快速育肥的4~8周的未去势公羊和未断尾的单羔多发。

1. 病因

（1）羔羊早期补饲过多精料或断奶前后食入过量的谷物、幼嫩饲草和高蛋白饲料。

（2）羔羊从牧场转入农区育肥，或农区羔羊进入育肥期后，育肥初期日精饲料饲喂过多（日精料超过400g），不限量采食，又缺乏足够运动时，上述过食的精料在瘤胃中未完全消化而进入小肠，作用于回肠内以淀粉为基质的产气荚膜杆菌，使其迅速增殖并产生大量毒素，毒素吸收进入血液，引起肠毒血症。

（3）母羊在妊娠期未注射羊厌气菌四防疫苗，使羔羊在出生后无母源抗体保护，处于对疾病的易感状态。

（4）饲料（配合精料）发霉，引起胃肠功能紊乱。

2. 诊断要点

（1）在补饲精料及育肥初期的羔羊群中，如陆续发现体肥状羔羊突然死亡时应怀疑本病。

（2）发病羊群常存在不限量采食谷类精料，或在含残留谷物较多的收割麦田、玉米田、高粱田放牧的情况。

（3）发病羔羊多数在夜间突然死亡。病羔死前表现流口水、呼吸困难、尿频带血色、步态不稳，后肢无力，站立与躺卧交替进行，最后昏迷死亡。病程一般不超过72h。

（4）剖检死后3~6h的羔羊，可见皱胃含大量未消化的食物（乳或谷物），小肠尤以回肠黏膜广泛出血，内含大量带气泡的茶色或酱油色内容物；心包积大量含纤维蛋白的液体，心外膜与胸腺出血，肾软化、变形呈脑组织样（图8-12）。

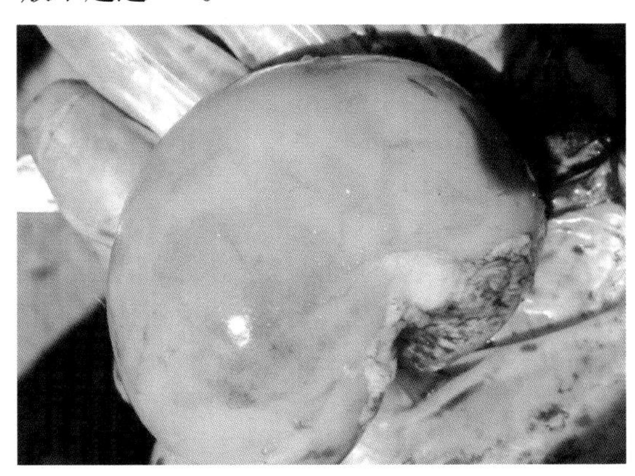

图8-12　肠毒血症死亡羔羊肾脏变形、水肿、软化

（5）取回肠内容物涂片染色可见革兰氏阳性带荚膜、两端钝圆的大杆菌。肠内容物滤液静脉注射家兔，可在注射后3min至24h死亡。死前表现呼吸困难、惊厥、尖叫、侧卧、角弓反张、四肢划动，

与羔羊死前症状相似。必要时进行毒素中和试验确诊。

（6）病羔尿糖及血糖明显升高。

3. 防治

本病因病程短，多数治疗无效，重点是做好预防。

（1）怀孕母羊产前2周注射羊厌气菌二联四防疫苗，每只肌肉注射5ml。羔羊在断奶，进入育肥期前2周肌肉注射2ml。

（2）羔羊早期补饲精料时，应严格控制投料量，并配合优质粗饲料饲喂；羔羊断奶后进入育肥期前应按体况分群饲养，精饲料比例应逐步增加，并提供足够的围栏运动场及运动时间。

（3）发病后应尽快减少或去掉精料，降低羔羊对精料的摄食，缓解本病的发生。

育肥期各类混合料与青贮混合草料饲喂比例见表8-1。

表8-1　育肥期混合料与青贮混合草料饲喂比例

在育肥场的天数	谷类及苜蓿混合料（玉米+苜蓿粉+颗粒料）（份）	玉米青贮及混合料（青贮+干草）（份）
1~7天	30	70
8~14天	40	60
15~20天	50	50
21天至出栏	60	40

（二）羊快疫

该病是由腐败梭菌经消化道感染引起羊的一种急性非接触性传染病，临床上以突然死亡和真胃黏膜局限性坏死灶为特征。

1. 病因

病原为腐败梭菌，是一种革兰氏阳性厌氧芽孢大杆菌，存在于土壤、粪便与健康羊的消化道中，其芽孢可在土壤及干燥的组织中存活多年。芽孢随饲草料或饮水进入羊真胃中大量繁殖并产生外毒素，引起胃黏膜出血性坏死。外毒素经血液循环进入中枢神经系统引起患羊急性休克死亡。病原经真胃增殖后进入血液循环引起菌血症并在腹腔、肝、脾脏中进一步增殖。

不良外界诱因，特别是冬季和初春气候突变，羊只受寒冷风雪刺激或采食了冰冻带霜的草料时，导致消化道局部免疫功能下降，腐败梭菌大量增殖而引发本病。

2.诊断要点

（1）多发于冬末春初的牧场羊群。

（2）多发于6~18月龄中等以上膘情的羊只。

（3）突然发病，无特殊临床表现，很快死亡。

（4）剖检可见明显的真胃黏膜出血性坏死灶，尤其胃底部及幽门周围黏膜出血与坏死多见。

（5）无菌操作由肝表面触片，瑞特氏染色镜检发现无关节长丝状菌体时可确诊（图8-13）。

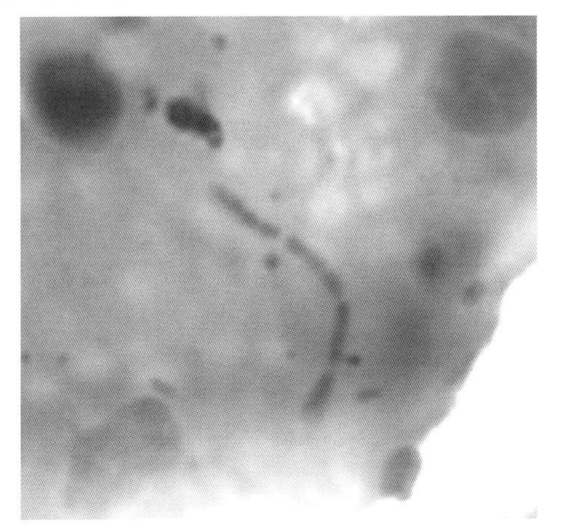

图8-13　羊快疫死亡羊肝触片，瑞氏染色镜检呈无关节长丝状菌体

3.防治措施

定期免疫接种（见羊肠毒血症），消除发病诱因可有效防止本病的发生。对病死羊只进行无害化处理，以保护环境不被腐败梭菌再次污染。

（三）乳酸性酸中毒

本病又称采食谷物症、蹄叶炎，是育肥期绵羊的一种急性代谢性疾病。临床上以厌食、沉郁、跛行和昏迷，瘤胃与血液乳酸

增高，红细胞比率升高，瘤胃黏膜坏死为特征。是规模化围栏育肥羊场的常发病之一。多由牧场或其他农区散养地转入集中育肥场后，因快速育肥饲喂较多精料而引起。在新疆多发于每年9—10月进入育肥场的5~6月龄羔羊。

1. 病因

育肥羊在短期内饱食玉米、大麦、麸皮、饼粕、甜菜、啤酒渣、发酵饲料等富含糖、淀粉类饲料及自然发酵的饲料后，造成瘤胃内分解糖类的微生物大量繁殖，使糖发酵形成大量的乳酸和乳酸盐，引起瘤胃与血液中乳酸盐升高，pH值下降，红细胞比率增加，导致全身性酸中毒。

2. 诊断要点

（1）育肥羊饱食上述饲料后3~5天内表现厌食、沉郁、跛行、黏液状腹泻，但体温正常，昏迷死亡，病程在2~6天者应怀疑本病。

（2）剖检死亡羊，两眼窝下陷，皮肤脱水无弹性，瘤胃内容物液状、酸臭，瘤胃黏膜出血、脱落，乳头呈暗红色、坏死者可初诊为本病。

（3）血液学检查：血细胞比率由正常值27~33上升至40~55，血液乳酸盐水平升高至每升10mg分子量，pH值降至7.1以下，瘤胃pH值下降至4.5以下，尿液pH值在5.5以下，血涂片镜检可见红细胞变形，边缘呈锯齿状者可确定为本病。

3. 防治

（1）减少瘤胃易发酵饲料的供给量（玉米、豆粕、啤酒糟等）。进入围栏育肥场的羊群应分段性逐渐增加精料比例，饲料的转换至少有10天的适应期。炎热季节应防止料槽内混合草料的的发酵，坚持现拌、少喂、勤添。

（2）育肥初期（10天内）应每天给清洁饮水中加入0.6%的碳酸氢钠（小苏打），以中和瘤胃内过量的乳酸，保持酸碱平衡。必要时可按每千克体重1 000单位加入青霉素，以抑制产酸菌的大量繁殖。

（3）发病羊可于早期静脉注射碳酸氢钠溶液，或灌服口服补液盐，以利于恢复酸碱平衡。

（四）出血性败血症

本病是由溶血性巴氏杆菌（现更名为溶血性曼氏杆菌）经消化道和呼吸道感染引起育肥羊和围产期母羊的一种急性接触性传染病。临床上以呼吸困难、鼻孔流血和突然死亡为特征。

1. 病因

（1）溶血性曼氏杆菌为革兰氏阴性小杆菌，瑞氏染色呈两极浓染，在羊血琼脂平板上呈 β 溶血，为绵羊上呼吸道的常在菌。

（2）绵羊发病常与环境性应激致免疫力下降有关，如长途运输，异常气温变化，圈舍拥挤、潮湿，更换饲料，非季节性剪毛、分娩、驱赶，竹板床面较滑而使羊只惊恐等。

2. 主要特征

（1）多发生于2~12月龄的健壮育肥羔羊及围产期母羊。以全舍饲羊断奶后不久转入育肥期，或放牧羔羊断奶后转入育肥场育肥初期多发。

（2）育肥羊以晚夏和早秋气温多变时发生。

（3）羊群中未见羊只发病而突然死亡几只，以晚间死亡较多，发病羊离群、拒食、卧地不起，呼吸加快，体温39.5~41℃，死亡羔羊出现黏液性、泡沫状和鲜血性鼻漏，病程不超过36h。

（4）剖检可见全身皮下和浆膜大量出血；真胃和盲肠出血、溃疡；肝肿大，表面呈大小不等的灰白色坏死灶；肺广泛出血，切面呈大理石样，心包及胸腔积液、心外膜广泛出血；脾不肿大。

3. 实验室诊断

无菌取心包、肝、肺组织涂片，瑞氏染色镜检，发现有两极浓染的小杆菌时可确诊。

4. 防治要点

给羊群提供良好福利，减少环境应激及管理失误是预防本病的主要措施。羊群发病后除改善环境条件外，全群于饲料中投入磺胺二甲氧嘧啶或土霉素，连用4~6天。已发病羊只因病程较短，治疗常难奏效。

（五）附红细胞体病

本病是由附红细胞体经接触性传染引起绵羊的一种急性，热性，败血性传染病。临床上以发热、黄疸、贫血为特征。

1. 病因

（1）附红体为寄生于红细胞表面的病原体，属立克次体目，无浆体科，附红细胞体属。菌体呈环形、球形或半月形，姬姆萨染色呈紫红色，瑞氏染色为淡蓝色(图8-14）。

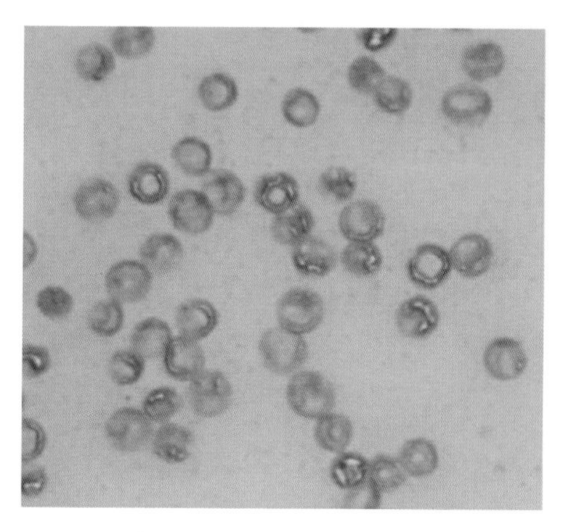

图8-14　患附红细胞体病死亡羊心血图片，姬姆萨染色，红细胞内呈现紫红色环形、半月形附红细胞体

（2）绵羊感染本病多由携带病原的昆虫叮咬，被病原污染的注射器针头，或因打耳标、剪毛、人工授精等消毒不当而感染。气温突变、转群、免疫注射等可诱发本病。

2. 主要特征

（1）多发生于6月龄至周岁绵羊，以夏秋季多发，绵羊由农区转入草场后不久多发生。

（2）绵羊感染附红细胞体的潜伏期一般1~2周，表现体温升高40℃以上，结膜苍白、黄染，卧地不起，口鼻流出浆液性分泌物，多因低血糖及全身衰竭死亡，病程5~9天。

（3）剖检可见血液稀薄，全身淋巴结水肿，肝肿大、黄染，胆汁浓稠；脾显著肿大，被膜有白色结节；心包积液；肺脏、肾脏水肿。

3. 实验室诊断

无菌采集肝、脾组织及心血涂片，瑞氏或姬姆萨染色镜检，发现大量红细胞变形呈锯齿状，多数红细胞表面附着不同形态的附红体时可确诊。

4. 防治要点

全舍饲养羊应做好平时免疫接种和治疗时针头的消毒，消除环境不良因素。发病羊可选用土霉素与血虫净（贝尼尔）配合治疗，早期治愈率较高，必要时将土霉素混于精料中全群预防。

五、绵羊皮肤与黏膜相关疾病

（一）绵羊痘

绵羊痘是绵羊的一种急性、接触性传染病。以全身毛少皮肤上出现痘疹为特征。发病羔羊常造成继发感染死亡或生长发育受阻而给养羊业带来较大损失。

1. 病因

由绵羊痘病毒经口鼻或皮肤黏膜受损而感染。带有病毒的唾液、鼻分泌物飞沫经过空气可在短时间内造成同群与相邻羊群感染。带芒刺或坚硬的草料造成羊只口腔黏膜损伤，羊只体弱及寒冷潮湿的气候可促进本病的发生与恶化。

2. 诊断要点

绵羊痘的典型病例一般不出现水泡，病羊病初可表现短期（2~3天）的体温升高（39.7~41℃），鼻黏膜肿胀、流脓性鼻液、呼吸困难，2~3天后在眼睑、鼻孔、唇、会阴、阴囊、包皮、腹股沟部形成绿豆或黄豆大的丘疹，呈紫红色、坚硬、扁平、圆形、突出于皮肤表面，几天后扁平的表面为中央凹的脐状坏死，干燥后形

成痂皮，剥脱后留下平整发亮的瘢痕（图8-15）。恶性病例引起鼻腔、喉、气管、前胃黏膜的痘斑和溃疡灶，若继发坏死杆菌感染，可引起较高的病死率。

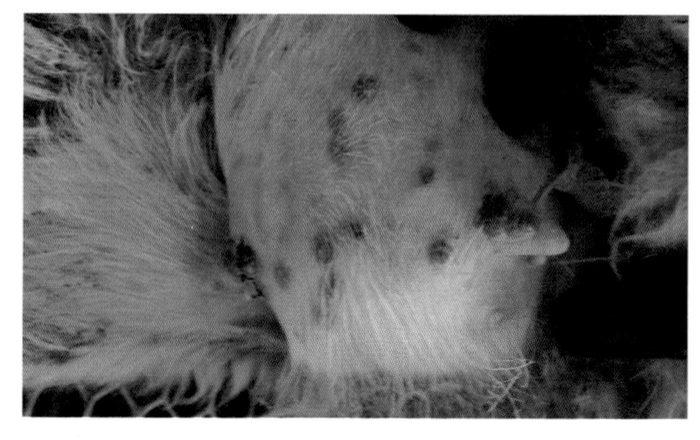

图8-15　患羊痘母羊乳房及乳头痘疹

3. 防治

（1）常发地区或羊群应在每年秋季配种前注射一次羊痘鸡胚化弱毒疫苗，无论大小羊，一律在股内侧皮内或尾部皮内注射0.5ml，4~6天可产生免疫力，免疫期可保持一年。

（2）一旦发生本病，应及时对羊群可疑病羊进行测温及皮肤黏膜病变检查，早期确诊，并加以隔离。所有可疑病羊群及相关邻群的大小羊紧急接种弱毒苗，为减少疫苗反应，哺育羔羊可采用免疫母羊血清或康复羊血清人工被动免疫，也可将血清与疫苗同时使用。

（3）死亡病羊及污染的饲料须焚烧或深埋，圈舍与器具用2%烧碱消毒并经清水冲洗后使用。

（二）羊传染性脓疱

本病是由羊脓疱病毒经受伤的皮肤与黏膜感染，引起绵羊和山羊的一种急性、接触性传染病，又称羊口疮。临床上以口唇、鼻黏膜、乳房等出现丘疹、水泡、脓疱和痂皮为特征。

1. 病因

（1）羊脓疱病毒属于痘病毒科，副痘病毒属双股DNA病毒，有囊膜。病毒对外界环境的抵抗力很强，在干燥的痂皮中可存在数月或数年，在夏季日光下两个月后才丧失传染性。属嗜上皮性病毒。

（2）本病多发生于放牧羊群冬春季集中产羔时，初生羔羊因矿物质、微量元素缺乏而啃咬异物时或采食带芒刺的干草致使口腔黏膜受伤感染。多发于产后3~7天羔羊，或羔羊在出牙或换牙时牙龈受伤而感染。全舍饲羊群多发于羔羊断奶后集中育肥时采食坚硬干草而使口腔黏膜损伤而感染。以2~3月龄羔羊多发。

（3）传染源为带毒羊。当引进断奶羔羊，羊群在分群、转群、混群时发生，曾发病的羊舍一旦进入易感羔羊时，则引起该病的发生。羊舍拥挤、潮湿可促进本病发生。

2. 诊断要点

（1）潜伏期2~3天。在唇、口角、鼻孔或眼睑皮肤上形成丘疹、水泡、脓疱与痂皮，其特征是在发病7~10天后病变部位形成突出皮肤表面的褐色颗粒状痂皮，剥开痂皮可见出血的粉红色结节状真皮，似“桑葚状”。

（2）发病率高（30%~90%），但死亡率低，多数发病羔羊死亡与不能采食而饥饿死亡或继发肝、肺坏死杆菌、李氏杆菌病死亡。

（3）该病应与羊痘鉴别诊断，羊痘是以全身无毛的皮肤上出现红色丘疹为特征，病变部位常低于皮肤表面，全身反应明显，病死率较高。

3. 防治要点

（1）常发地区或羊群接种羊口疮弱毒疫苗，可根据发病日龄选择接种时间，初生羔羊发病时可选出生第3天于尾根皮肤刺种，断奶后或集中育肥羔羊可在断奶前尾根皮下注射，10~14天产生免疫力，免疫持续期可达1年。

（2）羊群发病时，应及时对同群羔羊逐只检查，病变部位采用碘甘油涂擦，并用广谱抗生素软膏涂抹，同时肌注青霉素，防止继发感染，羊舍采用10%石灰乳消毒。

（3）避免羔羊口腔和母羊乳房外伤，是防止本病发生的重要环节。产羔舍及羔羊舍应添加多种矿物质、微量元素的舔砖及优质苜蓿草粉供羔羊自由食用。羔羊舍保持通风、干燥、清洁，去除坚硬、

带刺的垫料和异物；断奶后，育肥前应防止饲喂坚硬带芒刺的干草，减少口腔黏膜受损。

（4）引进断奶羔羊全群饲养前，应检查羊群是否存在带毒羊只，发现可疑羊只应隔离饲养观察，防止带毒羊只进入健康羊群而引发感染。

（三）绵羊嗜皮菌病

本病是由刚果嗜皮菌经皮肤感染引起多种动物和人的一种急性或慢性接触性皮肤传染病。绵羊的易感性最高，临床上以全身浅表性、脓疮性皮疹、局限性结节为特征。本病传染性强、传播快、发病率高、病程长、治愈率低；羊群发病后不仅造成感染绵羊尤其羔羊口腔损伤而无法采食，导致消瘦死亡或继发感染死亡，而且造成皮毛受损，严重影响其经济价值，并可使与病羊接触的人感染，给养羊业及公共卫生带来严重影响。该病被国际兽疫局（OIE）定为B类及进出境必须检疫的动物疫病。本病于2006年由剡根强、陶金凌等在新疆塔城牧区放牧羊群中发现，并经病原学、免疫学、分子生物学及人工感染确诊。此后内蒙古、甘肃等地有报道本病的发生。

1.病因

（1）该病的病原为刚果嗜皮菌，属于放线菌目，嗜皮菌科，嗜皮菌属，革兰氏阳性兼性厌氧杆菌，由菌丝体和孢子组成。游动孢子寄生于皮肤表层，当皮肤毛囊受损时，孢子侵入毛囊内发育形成菌丝体，吸引皮下嗜中性粒细胞浸润，形成炎性肿胀与结节，炎性渗出物向表皮渗出，导致皮肤痂块形成。

（2）本病多发于以放牧为主的羊群，无品种差异，但在新疆以粗毛羊多发，当年羔羊易感性最强。在炎热多雨、潮湿、昆虫活动较多的季节发病率呈上升趋势；长时间雨淋、昆虫叮咬、疥螨寄生、剪毛、患口膜炎及羊痘等造成皮肤受损时诱发本病。

（3）引进带毒羊是造成该病暴发的因素之一，在新疆北疆地区野生北山羊曾发生此病。

2. 诊断要点

（1）在本病易发的季节，尤其是当雨淋后不久，羊群陆续出现较多全身渗出性皮炎和痂块羊只，触摸病羊患部有大小不等的白色、黄色坚硬结节，但很少脱毛（图8-16），体温无明显升高；羔羊感染后可在口腔、齿龈呈现“石榴状”或“草莓状”浅红色结节时可初步诊断为本病。

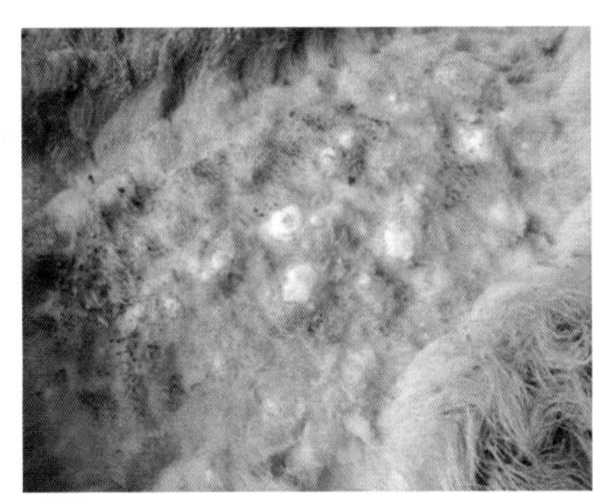

图8-16　患绵羊嗜皮菌病羊背部的嗜皮菌结节

（2）无菌取患部皮肤结节涂片，姬姆萨或瑞氏染色镜检，可见放线菌样菌丝体和平行排列的球菌样孢子丛即可确诊。必要时可将结节样皮肤组织进行75%酒精处理后研磨制成悬液，采用刚果嗜皮菌16S rRNA基因序列设计的刚果嗜皮菌特异性引物对病料组织中DNA进行PCR扩增，以进一步确诊。

3. 防治要点

（1）避免羊群较长时间雨淋，防止羊只皮肤损伤可减少本病的发生。发病羊群实施绵羊痘和羊口疮疫苗免疫，可降低因继发感染或混合感染造成的羊只死亡。

（2）可疑发病地区，可在羊群剪毛后采用10%硫酸铜或5%硫酸锌进行全身喷雾，然后进行药浴，以杀灭体表皮肤寄生的刚果嗜皮菌孢子。发病羊早期选用青霉素、林可霉素、卡那霉素、氧氟沙星进行肌肉注射，连用5天，可取得较好的治疗效果。但需要花费

较多的人力及药物成本。

（3）杜绝从发病地区引进羊只，引进羊只时进行全身检查，防止将带毒羊引入羊群。

（四）羊疥癣

本病是由螨虫寄生于绵羊表皮内所引起的一种慢性、接触性、传染性外寄生虫病。多发于阴冷潮湿的秋冬季节，临床上表现患羊头部、颈部皮肤脱毛、丘疹、水泡、脓疮及坚硬的黄白色结痂，皮肤增厚和龟裂。患羊表现病损部皮肤发痒、掉毛、食欲下降、消瘦、贫血，多因营养不良衰竭死亡，根据临床特征较易诊断（图8-17）。

图8-17 羊疥癣病，患部被毛脱落

常发地区坚持在绵羊剪毛后进行药浴。圈舍保持清洁、干燥、通风。对可疑患羊在隔离条件下进行治疗。入冬前注射1~2次伊维菌素可控制疾病进一步发生。

（五）绵羊面部湿疹（Facial eczeme）

本病是由于绵羊采食了含有感光物质或真菌毒素的牧草后，在阳光照射光合作用下而引起的一种光过敏性皮肤病。临床上以面部皮肤红肿、发热、浆液性渗出、坏死、发痒、对环境刺激敏感性增高为特征。患羊表现精神沉郁、不食、结膜黄染，后期多因肝昏迷而衰竭死亡。该病早在20世纪70年代初新疆天山北坡放牧羊群中发生。在积雪较多的年份，当年羔羊初次进入某特定草场后，于几小时内即表现面部肿胀症状，转移草场，则不再发病，被当地牧民称为“神秘病”，虽多次调研未获得确定原因。2013年，刘良波、剡根强等经发病羊场真菌生态学调查、发病羊病理学等研究，初步确定该病与纸皮司霉等病原真菌及毒素密切相关。

1.病因

（1）国内外研究表明，绵羊面部湿疹是由于寄生于特定牧草上的腐生真菌纸皮司霉所产生的葚孢菌素所致。绵羊采食了含有此种毒素的牧草后，毒素经胃肠吸收进入肝脏，蓄积于胆管中，破坏胆管上皮细胞，导致急性胆管阻塞。绵羊采食的植物中的叶绿素经过前胃微生物转化为叶红素，再经吸收后进入肝脏，由于胆管阻塞而不能排出，叶红素便蓄积于外周血液中，此时，在紫外线照射下，皮肤中的叶红素发生光敏作用，引起皮肤毛细血管氧化损伤，通透性增加，导致皮下炎性水肿及渗出。绵羊面部尤其是耳部、唇部被毛较少，易受阳光照射，因此，面部皮肤为主要损伤部位（图8-18、图8-19）。

图8-18　患面部湿疹绵羊，眼睑、口唇、颌下皮肤水肿

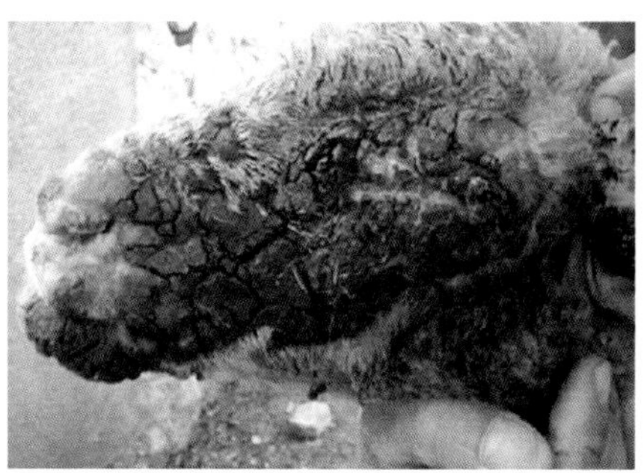

图8-19　患面部湿疹绵羊，面部皮肤溃疡、结痂

（2）该病的发生具有明显的地域性与季节性。据刘良波等对新疆该病高发区的调查研究表明，该病多发于天山北坡中段的山前低山带、属低洼、朝阴、避风的特定草场，在此区域的牧草中，纸皮司霉、链格孢菌等腐生真菌的丰度与饱和度远高于其他区域；该病

多发生于每年5—8月，雨后1周左右；以6月龄内细毛羊多发，周岁以上羊很少发生。

（3）在肝片吸虫感染的牧场羊群易发本病，多由于肝片吸虫造成胆管阻塞而发生，属肝源性光过敏症。

2. 诊断要点

根据本病的高发季节、特定区域、羊只的易感日龄及面部湿疹特征不难诊断。当放牧绵羊在清晨放牧，经日光照射后2~4h内表现面部红肿、针刺有淡黄色液体渗出时可初步诊断本病。

3. 防治要点

（1）可疑发病羊群应转移草场，或采取早出牧，中午有阳光照射时可将羊群赶往避光阴凉处或遮光围栏棚下，并提供饮水及干草。

（2）目前尚无治疗绵羊面部湿疹的特效方法。在饲料中添加含锌矿物质添加剂，或在饮水中加入硫酸锌（60mg/L水），或给发病羊口服氧化锌胶囊，对预防和治疗绵羊面部湿疹具有一定效果。

六、羊群关节与蹄病综合征

（一）坏死杆菌性腐蹄病

该病是由厌氧性坏死杆菌经伤口感染引起绵羊蹄部表皮化脓及坏死的慢性接触性传染病。其特征为跛行，蹄球、蹄底、蹄叉表面红肿、化脓及表面坏死。由于其较高的发病率和影响生产性能及治疗的花费，曾给山区养羊业造成较大的经济损失。

1. 发病原因

该病无品种、年龄及性别差异，但美利奴细毛羊、成年羊发病率高于羔羊。多发于春、夏、秋多雨及温暖季节。放牧绵羊长期在灌木及带芒刺的草场放牧，围栏育肥羊在铺设石子、炉渣等坚硬垫料的运动场停留或出入时，由于蹄底角质层及其皮肤受损，蹄部表面及环境中的坏死杆菌经伤口侵入，引起感染和坏死性蹄炎。

2. 诊断要点

该病多呈地方性流行及散发，当羊群出现较多羊只跛行并存在蹄部受损的诱因，检查病羊蹄球、蹄底、蹄壁角质溃烂，真皮组织坏死，剥离坏死组织流出恶臭气味的脓性渗出物时可初步诊断为该病。一般不需要进行细菌学检查。

3. 防治要点

避免羊只蹄部受损，消除发病诱因是预防本病的前提。发病时应及时将病羊隔离于干燥清洁的羊舍，局部外科处理，每天用20%硫酸铜蹄浴一次，连续7~10天，同时肌肉注射青霉素和链霉素，每天一次，连续用药3~5天。

（二）丹毒杆菌性多发性关节炎

该病是由丹毒杆菌经伤口感染引起羔羊多个关节炎症的慢性传染病，其特征是前后肢僵直与跛行。膝关节、跗关节非化脓性炎症。

1. 发病原因

多发生于集中产羔的时间，以1~2月龄羔羊多发，羔羊脐带断端消毒不严、断尾不当时，羊舍环境中的丹毒杆菌侵入伤口，经血液进入关节中引起炎症。当年羔羊药浴时因皮肤伤口感染药浴池中丹毒杆菌也可引起多发性关节炎，即“浴后跛”。

2. 诊断要点

羔羊表现四肢僵直、跛行、体温升高、精神沉郁、检查各关节无明显肿大时可怀疑本病。发病羔羊在断脐、断尾后关节局部有异常表现时，可提示本病。确诊时需要无菌采集病死羔羊关节囊液、肝组织进行细菌学检查。

3. 防治要点

做好产圈卫生及羔羊脐带断端消毒，防止断尾感染，可降低

本病的发生。发病羔羊采用青霉素配合地塞米松治疗，早期具有一定疗效。

（三）衣原体性多发性关节炎

该病是由鹦鹉热亲衣原体经消化道及眼结膜感染引起羔羊的一种急性接触性传染病。临床上以发热、跛行、关节炎、浆膜炎、结膜炎和消瘦为特征。由于在育肥羔羊中呈高度流行，造成羔羊生长发育不良及营养衰竭死亡，给育肥羊场造成较大危害。该病原体也可造成人的关节炎与结膜炎而受到公共卫生关注。

1. 病因

（1）本病多发生于1~8月龄羔羊，以2~3月龄断奶羔羊发病率最高。育肥羊场多在羔羊从牧场转入育肥场集中育肥后1~2个月发生。在新疆维吾尔自治区地区多发生于每年9—11月，此时正是当年羔羊集中育肥期。哺乳羔羊发病多集中在2—3月集中产羔期。

（2）致病性衣原体存在于带菌羊眼、鼻分泌物、粪便、尿液中，鸟类常携带衣原体。羔羊感染多通过病原污染的饲料、饮水经消化道感染，同舍内病羔与健康羔羊通过相互接触感染。舍内密度过大，拥挤、潮湿、通风及卫生不良时，可促进本病的发生。

2. 诊断要点

（1）在羔羊群中陆续出现较多的跛行、四肢僵硬、精神沉郁、常侧卧不能站立、并伴有两侧眼结膜充血、流泪的羔羊，发病率超过30%以上时，可怀疑本病。

（2）检查病羔体温升高40℃以上，触诊四肢关节呈疼痛表现，眼结膜水肿，眼睑和第三眼睑上形成黄豆大隆起灰白色滤泡。

（3）剖检可见肩、髋、膝和跗关节腔内有淡黄色纤维素性凝块，肺呈局限性肝变及实质。

（4）无菌采集关节液涂片姬姆萨染色镜检，衣原体包涵体呈蓝色。关节液接种于鸡胚卵黄囊传代可获得衣原体培养物。也可采取关节液或传代卵黄囊液进行PCR检测与序列分析，以鉴定病原体。

3. 防治要点

及时发现并隔离发病羔羊，改善羔羊舍环境，减少密度、增加户外运动以降低羊群的发病率。发病羔羊肌肉注射恩诺沙星或土霉素，采用红霉素眼药水及色甘酸二钠点眼液进行结膜内点滴；提供病羔方便采食及饮水的条件，有助于疾病康复，减少其死亡。目前尚无疫苗用于该病的预防。

（四）口蹄疫

该病是由口蹄疫病毒经过多种途径感染引起偶蹄兽的一种急性、热性、高度接触性传染病。临床上以口腔黏膜、蹄和乳房皮肤形成水泡和烂斑为特征。绵羊水泡多见于蹄部，哺乳羔羊常因出血性胃肠炎和心肌炎死亡。本病为一类（A类）动物传染病。当羊群发生蹄部疾病时，应首先对病羊的蹄部、口腔及乳房进行检查，当同时出现羔羊死亡时，应剖解观察有无可疑胃肠出血及“虎斑心”变化，以排除其口蹄疫。

1. 病因

该病的发生无明显的季节性与品种差异，但以秋冬季绵羊调运频繁的时间多发。绵羊发病后常无明显临床表现，不易发现。羊群发病多因外购调入病羊或潜伏期感染的羊只而传入。其发病与饲养环境、营养等因素无明显关系。

2. 诊断要点

当羊群出现下列情况时，应怀疑本病。

（1）引进羊只后10天左右陆续发生较多的成年羊跛行，体温40℃左右，检查蹄部可见蹄冠、蹄叉、蹄踵皮肤有蚕豆大小暗红色浅表性糜烂，同群个别羊除蹄部有糜烂外，在口腔、乳房上可见红色丘疹、水泡及烂斑者。

（2）繁殖羊场除成年羊表现上述症状外，哺乳羔羊出现急性死亡，剖解可见小肠、真胃黏膜广泛出血、黏膜脱落、心外膜出血，整个心脏松软，心肌切面呈黄白色交错的条纹“虎斑心”。但病死羔羊无口腔糜烂、腹泻表现。

当具备上述特征时，羊场兽医应及时报告当地动物疫病控制中心或动物卫生监督所，并封锁发病羊舍，隔离发病羊群，限制可疑发病羊群及场内人员出入，实施环境消毒，并采集发病羊病变部位水泡皮、刮取烂斑置密闭青霉素瓶内送检。

3. 防控要点

（1）羊场应严格执行口蹄疫疫苗免疫接种制度，每年于2月、5月、10月对2月龄以上羊只进行口蹄疫灭活疫苗免疫。

（2）引进羊只实行隔离观察、经加强免疫后无异常表现方可合群饲养。

（3）发生疫情羊场按重大动物疫情处置案进行扑杀及无害化处理。

（五）机械性蹄损伤

群发性羊群蹄部机械损伤较少见。多数与羊舍地面结构改变有关，如将羊群转入竹制、木制或塑制网床上饲养时其蹄损伤在短期内增多。网面坚硬、过滑、晃动、漏缝过大等均可造成羊只蹄底磨损、扭伤、滑倒等造成羊只腿部及蹄部损伤。观察受损羊群时，可见羊只惊恐、奔跑，受伤羊只呆立、恐惧、患肢颤抖、常离地面，检查患肢部可见角质层磨损，露出白色蹄骨，触摸时羊只呈明显痛疼反应，个别羊只蹄冠、蹄叉表皮出现裂痕，小腿骨折（图8-20）。

发生上述羊只蹄损伤时，羊只精神、食欲无异常，发病初期蹄部很少见组织坏死与溃烂，可与腐蹄病区别。

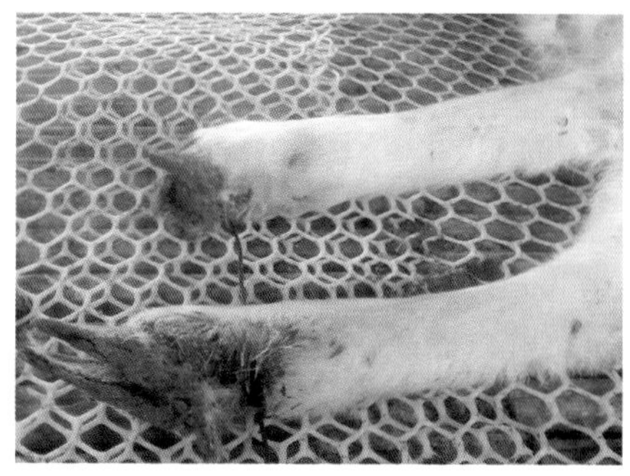

图8-20　竹网养殖绵羊腿骨骨折及蹄底磨损

七、羊呼吸系统综合征

（一）绵羊支原体肺炎

该病是由绵羊肺炎支原体（*Mycoplasma ovipneumoniae*，MO）经呼吸道感染引起绵羊的一种急性高度接触性传染病。临床上以发热、咳喘、腹式呼吸、渐进性消瘦及增生性、化脓性肺炎为特征。由于该病传染快，发病率高及导致羔羊大批死亡，给养羊业造成严重危害，是近年来规模化舍饲羊场绵羊的一种高发、高害传染病。

1. 病因

（1）该病多发生于绵羊，以湖羊、小尾寒羊等粗毛肉羊品种绵羊的易感性较高，6月龄肉羔羊的发病率与病死率高于成年羊，同群的细毛羊、山羊可感染，但临床症状不明显。

（2）该病多发生于冬春季及晚秋气温变化较大的季节。羊舍密度过大、通风不良、潮湿及卫生较差的羊群发病率明显上升。

（3）该病主要通过呼吸道感染，经气溶胶飞沫传播。羊群爆发本病多与引进隐性感染绵羊有关。据剡文亮等对新疆10个规模化羊场调查表明，羊群中绵羊肺炎支原体的感染率为38%~85%，但其发病率与病死率受不良气候、羊舍环境、管理模式、绵羊体质等因素影响。目前尚未确定该病可经精液、胚胎、子宫内垂直传播。

（4）羊群发生口膜炎、羊痘、羊鼻蝇、羊疥癣、腹泻等病症时，该病的发病率与病死率增高。

（5）有关绵羊肺炎支原体的致病性及致病机理目前尚不明确，可能与绵羊肺炎支原体表面结构中的黏附素、荚膜及菌体所含的磷脂酶等毒力因子有关，病原体通过对宿主呼吸道上皮细胞的黏附，抗巨噬细胞吞噬及破坏肺细胞而发挥致病作用。

2. 诊断要点

（1）全舍饲羊场在本病易发季节或引进羊只后陆续出现较多的当年羔羊咳喘、体温升高40℃以上，流浆液性鼻液，持续3~5天后表现腹式呼吸（图8-21），驱赶后咳喘加重，病羊弓背呆立，不愿行走，触压胸部有明显疼痛反应，听诊肺部呈胸膜摩擦音及啰音。病程7~10天，个别可持续14天，可怀疑本病。

图8-21　绵羊肺炎支原体感染羊，表现消瘦、弓背、咳喘

（2）剖解病死羊，可见鼻孔流出带泡沫黏性鼻液，个别急性死亡羊可见鼻液中渗有血液。多数病死羊胸腔积液，呈淡黄色或浅灰色纤维素性渗出液；肝脏有不同面积的肝变、肉变、实变区，其中以心叶、尖叶最明显（图8-22），病程较长者可见肺与胸膜黏连，肺尖叶、心叶可见化脓灶和黄色干酪样坏死结节，切开病变肺组织流出浅灰色渗出物。

（3）无菌采集病死羊肺组织、鼻腔拭子送实验室进行绵羊肺炎支原体分离培养（图8-23）和PCR检测。采用基于MO 16SrRNA基因序列设计的引物对培养物或病料进行PCR扩增，具有快速、灵敏及特异性高的特点。发病早期采用双抗体夹心ELISA检测血清中的绵羊肺炎支原体抗原，具有一定的诊断价值，但检测血清中的绵羊肺炎支原体抗体只能表明绵羊肺炎支原体感染，而难以确定绵羊肺炎支原体的致肺炎作用。

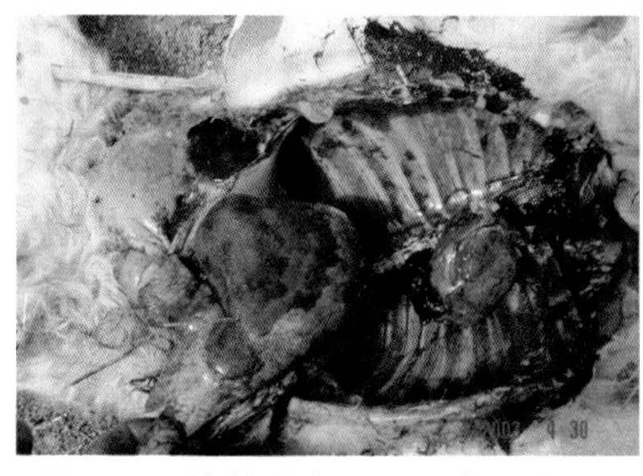

图8-22　绵羊肺炎支原体病死羊，肺肝变及肉变

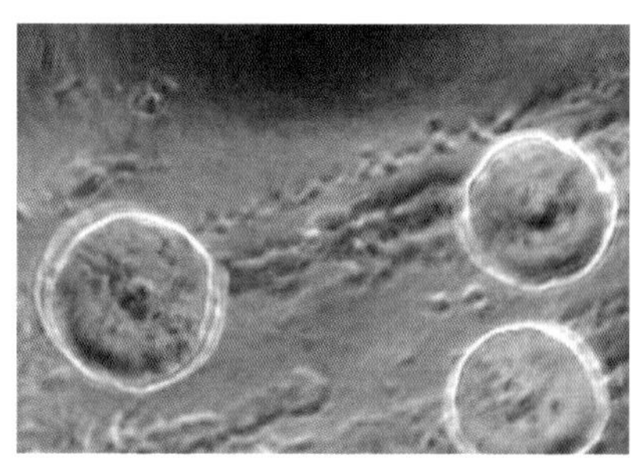

图8-23　绵羊肺炎支原体菌落形态，呈“煎蛋”状

3. 防治要点

（1）免疫接种是预防该病的有效手段，但目前国内外尚无商品化绵羊肺炎支原体疫苗，现用于预防由丝状支原体山羊亚种引起的山羊传染性胸膜肺炎的商品化疫苗对绵羊肺炎支原体无交叉免疫保护作用。改善羊舍环境、减少密度、增加通风，给羊群提供足够的运动场，定期进行羊舍空气消毒，可有效降低其发病率。

（2）为防止本病的传入，无本病发生的羊场杜绝从疫区引进感染羊，引进羊只进行隔离观察后再合群饲养。

（3）常发本病的羊场应做好绵羊痘、羊传染性口膜炎、羊鼻蝇及疥癣的防控及对发病羊的及时处置,防止本病的继发感染或混合感染。

（4）规模化羊场应按不同品种、不同用途、不同日龄的羊群分群饲养，防止交叉感染。

（5）发病绵羊早期采用土霉素、恩诺沙星、氟苯尼考、泰乐菌素、阿奇霉素、替米考星等绵羊肺炎支原体敏感药物中的1~2种进行肌肉注射治疗，一般需连续用药5~7天，可取得一定疗效。发病后期治疗常难奏效。

（二）线虫性肺炎

绵羊和山羊的线虫性肺炎主要由丝状网胃线虫（*Dictyocaulus*

filaria）寄生于绵羊肺泡和支气管而引起。临床上以咳喘、呼吸困难和支气管肺炎为特征。由于羊只发病后导致生长发育不良，生产性能下降，死亡及防治费用的增加而给羊场带来较大的经济损失。

1. 病因

（1）丝状网胃线虫是致绵羊寄生虫性肺炎的优势和致病力最强的肺线虫。虫体长30~100mm，成虫在支气管内产下带有胚胎的卵，经咳嗽时将部分卵吞咽进入消化道形成幼虫，并随粪便排出体外，部分虫卵随痰液和鼻液排出体外，在适宜条件下形成感染性幼虫，羊食入幼虫后，幼虫侵入肠黏膜，并经淋巴管和血管进入肺脏，幼虫钻穿毛细血管进入肺泡并移行入细支气管和支气管进一步发育为成虫。成虫、卵及幼虫共同刺激支气管黏膜，引起黏膜上皮细胞增殖，渗出物增加，导致支气管阻塞、肺膨胀不全和肺气肿，渗出物进入肺泡内引起局灶性小叶性肺炎。

（2）该病无品种、性别及年龄差异，但以2~18月龄的幼龄羊的发病率较高。由于病原性幼虫不能耐受外界高温，因此，该病多发生于气候较冷季节，以秋季和冬初多发，夏季炎热季节，环境中的幼虫很快死亡。

2. 诊断要点

（1）在多发季节（秋季），羊群中幼龄羊陆续出现顽固性咳嗽，并在夜间休息时明显。病羊流黏性鼻液，呈绳索状悬挂于鼻孔下面，常打喷嚏，体温一般正常可怀疑本病。

（2）剖检病死羊，病变常仅限于肺部，切开肺叶尤其是膈叶，可见支气管内含有带泡沫的渗出物及绳索状虫体固块，肺脏很少见有肝变、肉变、出血及化脓病灶。

（3）从粪便中检查幼虫或从肺支气管中发现成虫即可确诊。羊网尾线虫的幼虫长0.55~0.58mm，头端有一扣状小结。

3. 防治要点

（1）规模化舍饲羊场，采取羔羊早期断奶（两个月龄内），隔离饲养，可减少本病的发生。

（2）可疑有本病的羊场，每年入秋时对易感羊群采用丙硫苯咪唑按每千克体重5~10mg口服驱虫一次。

（3）发病绵羊经皮下注射盐酸左咪唑，每千克体重10~15mg，一般7天后呼吸症状缓解。

（三）绵羊肺腺瘤病（SPA）

该病又称“绵羊肺癌”“驱赶病”，是由反转录病毒经呼吸道感染引起成年绵羊的一种慢性、进行性、接触性肿瘤疾病。临床上以咳嗽、呼吸困难、流大量浆液性鼻液为特征。病理学上以肺脏呈灰蓝色弥漫性肿瘤小结节及肺泡上皮细胞肿瘤增生为特征。在新疆，该病于20世纪80年代初由邓普辉等从病理学确诊。2015年，盛金良等从分子生物学及病理学对一群发病种羊进行了确诊。

1. 诊断要点

该病只发生于3岁以上成年绵羊中，以引进绵羊品种较易感。病羊流大量浆液性（水样）鼻液，驱赶或抬起后肢后更加明显应怀疑本病。剖检病死羊肺脏表现灰蓝色弥漫性灰色肿瘤小结节及坚硬的肿块（图8-24）可初步诊断为本病。进一步确诊可进行肺病理组织学及PCR确诊。

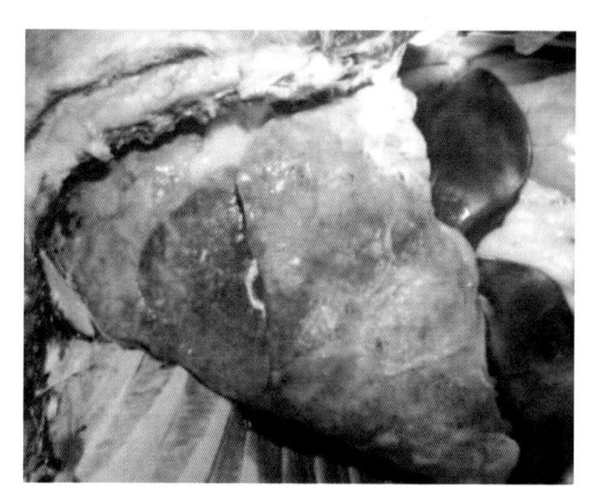

图8-24　绵羊肺腺瘤病，肺脏呈现淡蓝色，表面弥漫性圆形小结节及坚硬的肿块

2. 防治要点

本病尚无疫苗及有效药物。病羊无治疗价值，应及时扑杀，无害化处理。引种时严格检疫，防止引入带毒羊是预防本病的关键。

（四）链球菌性肺炎

该病是由肺炎链球菌经呼吸道感染引起羔羊的一种急性、热性传染病。临床上以发热、呼吸困难、咳嗽、大叶性肺炎为特征。

1. 病因

（1）肺炎链球菌为革兰氏阳性双球菌，在组织涂片及血清肉汤中具有明显的荚膜。在血平板上常呈 α 溶血。该菌在健康绵羊的上呼吸道存在，是否引起感染发病与细菌的致病性及羔羊的抗病力有关。

（2）该病多发生于1~2月龄羔羊，以舍饲羊场和春末季节多发。羔羊群密度过大、通风不良、圈舍潮湿常诱发本病；羔羊发生传染性口膜炎、羊痘、腹泻时常继发感染。放牧羔羊受寒冷、雨淋刺激后发生。

2. 诊断要点

（1）羊场中2月龄内羔羊当受到不良环境应激后陆续出现急性死亡，病羊体温升高至41℃左右，呼吸困难，听诊肺部呈明显啰音，病程1~3天者可怀疑本病。剖检病死羔羊胆囊肿大、脾肿大，胸腔积液，肺门淋巴结肿大出血，肺呈大面积肝变区，心叶、尖叶充血或出血时可初步诊断为本病（图8-25）。

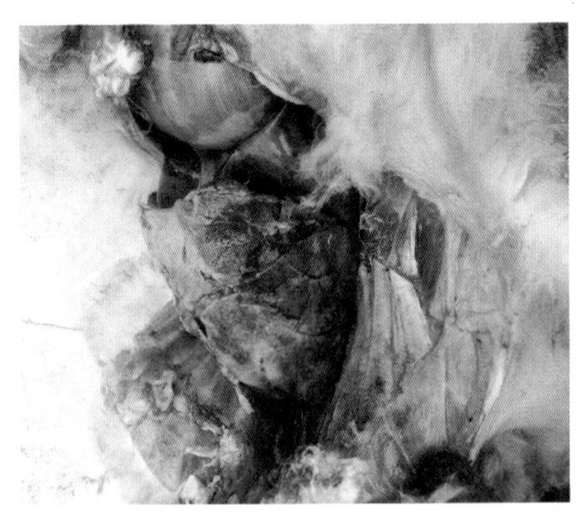

图8-25　肺炎链球菌死亡羔羊肺出血性、纤维素性变化

（2）无菌取脾、肺组织涂片，瑞特氏染色镜检，发现有大量呈双排列，菌体两端尖、带有荚膜的双球菌时可确诊。进一步确诊可通过培养特征（溶血性），胆盐溶菌试验，奥普托星试验，生化反应及PCR鉴定。

3. 防治要点

（1）加强饲养管理，保证哺乳羔羊初乳供给，提高羔羊抗病力是预防本病的前提。

（2）改善产房卫生条件，做好产房消毒及羔羊脐带断端消毒，给羔羊提供良好的环境，减少不良环境刺激，对发生口膜炎、羊痘、腹泻病羔及时采用抗生素治疗，减少肺炎链球菌的继发感染。

（3）对发病羔羊及时采用青霉素、头孢噻呋、恩诺沙星等抗生素肌肉注射，连用3~5天，必要时进行静脉注射5%葡萄糖生理盐水，维生素C和抗生素等以提高疗效。

（五）巴氏杆菌性肺炎

见巴氏杆菌病。

八、羊群腹泻综合征

（一）小反刍兽疫（PPR）

该病是由小反刍兽疫病毒经多种途径感染引起羊的一种急性、热性、高度接触性传染病。临床上以发病快、高热稽留。眼鼻分泌物增多、口腔糜烂、腹泻和肺炎为特征（图8-26、图8-27）。由于该病被OIE定为A类动物疫病，发病率与病死率高，传播快而受到养羊业高度重视。

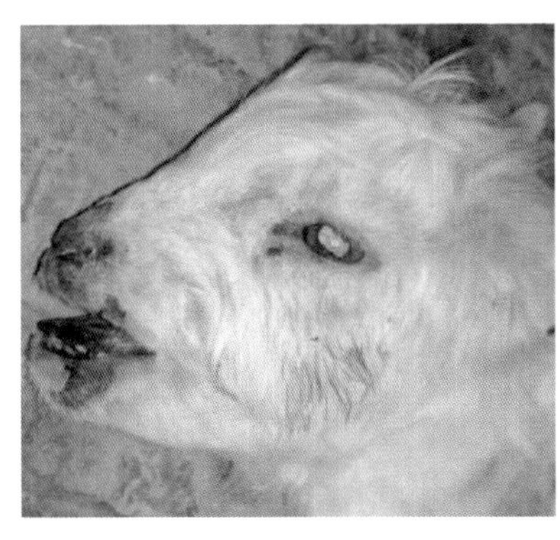
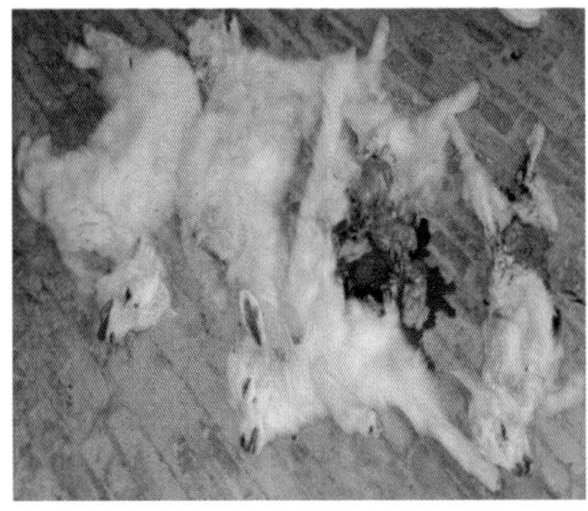

图8-26　小反刍兽疫死亡山羊羔口腔、鼻腔黏膜溃疡，肛门黏附有黏液状稀便

1. 病因

（1）小反刍兽疫病毒为副黏病毒科，麻疹病毒属成员，与牛瘟病毒的同源性较高,发病羊的临床表现与牛瘟相似,故称伪牛瘟。病毒主要损伤黏膜上皮细胞，因此患羊以表现消化道黏膜炎症为特征。

（2）山羊对该病的易感性最高，绵羊次之，无品种年龄差异，但4月龄内羔羊的病死率较高。在绵羊与山羊混养的羊场中，山羊发病常先于绵羊，羔羊死亡多于成年羊。

（3）该病的传染源为患病羊和隐性感染羊，尤以亚临床感染的羊最危险，羊群发病多与引进带毒羊有关。在野生动物尤其是盘羊、北山羊等活动区域放牧羊群暴发本病，且未引进羊只时，可能与野生动物传染有关。

（4）该病主要通过与病羊的分泌物和排泄物直接接触经消化道或呼吸道飞沫感染，非免疫的易感羊群中，发病率可超过50%，4月龄内羔羊的病死率超过80%。

2. 诊断要点

在未免疫羊群中，3月龄左右羔羊陆续出现精神沉郁、腹泻、体温持续升高41℃左右，口、鼻黏膜糜烂，病程一周左右，抗生素治疗无效，病死率较高时可怀疑本病。剖解病死羊可见口腔黏膜和齿龈充血、溃疡；食道、真胃、肠黏膜脱落，糜烂、出血（图8-27），尤以直肠与结肠交界处呈“斑马皮”状溃疡时，可初步诊断为本病。进一步确诊需上报当地动物疾病控制中心进行确诊。

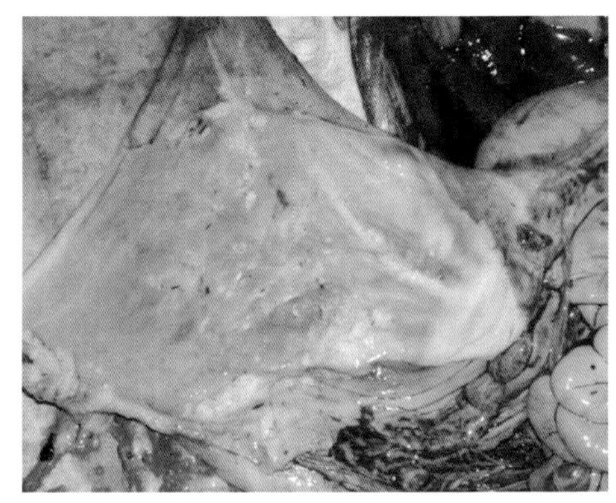

图8-27　小反刍兽疫死亡山羊羔胃黏膜呈现出血性溃疡与糜烂

3. 防控要点

（1）疫苗接种是预防本病的主要手段。采用小反刍兽疫弱毒苗给全群羊只进行免疫。羔羊可在1~1.5月龄时免疫一次，断奶时再免疫一次。

（2）防止疫病传入。防止从疫区引进羊只，新引进羊只应隔离观察，并加强免疫一次。

（3）隔离可疑病羊，向当地动物疾控中心报告，按相关疫情处理规定扑灭疫情。

（二）大肠杆菌性腹泻

该病是由一定血清型产毒性大肠杆菌经消化道感染引起初生羔羊的一种急性接触性传染病，临床上以胃肠炎及败血症为特征。20世纪90年代初，本病在我国新疆、内蒙古、宁夏等牧区放牧绵羊中广泛流行，给牧区养羊业造成严重的损失。近20年来，本病仅在部分地区呈地方流行性或散发。

1. 病因

（1）产肠毒素性大肠杆菌（ETEC）是引起羔羊腹泻的优势致病性大肠杆菌。多数分离株为含K99菌毛的O78血清学菌株和含F41菌毛的O8血清学菌株，均含STa和LT肠毒素，能产生β溶血和致死小鼠等特征。在发病羔羊的回肠、空肠及肠系膜淋巴结中数量较多。进入肠道的病原菌通过菌毛吸附于肠黏膜上，通过大量增殖产生肠毒素，刺激肠道加速蠕动而致腹泻，从而引起患羔脱水、酸中毒和休克死亡。部分菌株通过穿过肠壁进入血液循环引起败血症及脑炎。

（2）本病多发生于春季集中产羔季节，以7日龄内羔羊发病率与死亡率最高，美利奴羊的易感性高于其他品种；产羔舍环境卫生不良、通气不足、地面潮湿、寒冷刺激、母乳尤其是初乳缺少等是造成本病发生的诱因。据对新疆几个高发牧区致羔羊大肠杆菌性腹泻的调查表明，20世纪90年代初期，多数牧场的春羔均以每年8—9月配种，

2—3月集中产羔，此时正是新疆气温变化异常，昼夜温差较大的季节，春羔的发病率远高于冬羔（12月至翌年元月产羔），因此，高发牧场经改变配种日期，避免集中产春羔的环节，该病的发生逐年减少，证明该病的发生与环境因素密切相关。

（3）该病发生于7日龄内羔羊，以3~5日龄病死率较高。发病羔羊表现黄色水泻、流口水、食欲下降，多数以脱水、酸中毒及继发肺炎死亡，病程3~5天。剖解可见胃内充满凝乳块，肠系膜淋巴结肿大出血，小肠尤以空肠浆膜出血，肠内容物呈茶色，多有气泡，个别羔羊肝肿大，心包积液，肺心叶、尖叶肝变，肾盂水肿（图8-28）。

图8-28　大肠杆菌性腹泻死亡羔羊呈现肠系膜淋巴结肿大

2. 诊断要点

根据发病季节，发病日龄，发病率与病死率，黄色水泻，小肠出血及肠系膜淋巴结肿大出血可初步诊断为本病。无菌取肠系膜淋巴结、空肠内容物接种麦康凯琼脂平板37℃培养24h，挑取单一红色菌落接种于兔血琼脂平板，出现β溶血，菌落涂片革兰氏染色镜检为革兰氏阴性球杆菌时可确定为本病。必要时可对分离株进行K99、F41菌毛PCR检测，小鼠致病性测定以进一步确诊。

3. 防治要点

（1）加强母羊怀孕后期营养，保证足够初乳及品质，及时让羔羊哺乳或人工哺乳；初生1~3天注射亚硒酸钠维生素E合剂，提高羔羊抗病力是预防本病的前提。

（2）集中产羔期，做好产圈消毒、通风、保暖、地面铺设清洁干草，对羔羊脐带断端碘液消毒，防止继发感染。

（3）发病羔羊及时口服氧氟沙星或环丙沙星等抗生素，灌服口服补液盐，必要时经静脉补充10%葡萄糖复方氯化钠、碳酸氢钠（单独使用）、维生素C、恩诺沙星等，以提高治愈率。

（4）目前尚无预防本病的商品化疫苗。

（三）线虫性腹泻

线虫性腹泻是指由多种消化道线虫寄生于绵羊肠道引起的蠕虫性腹泻的总称。感染绵羊以营养不良、生长发育迟缓、腹泻、消瘦、贫血为共同特征。

1.病因

在多种致绵羊腹泻的线虫中，哥伦比亚食道口线虫（*Oesophagostoman colambianam*）对绵羊肠道致病性最强，危害最大及常见的消化道线虫。虫体寄生于肠壁上形成硬结节，故常将食道口线虫称为结节虫。该病多发生于3月龄至2周岁幼龄羊，以夏初秋末多发，多寄生于大肠。感染绵羊从粪便排出的虫卵在外界适宜条件下（湿润、凉爽）经6~7天形成感染性虫卵，虫卵随饲草进入羔羊小肠和大肠黏膜，经6周形成乳白色成虫。幼虫在侵入肠壁黏膜发育过程中，一方面刺激肠道蠕动引起腹泻，另一方面引起粒细胞、巨噬细胞等炎性细胞聚集，导致肠黏膜溃疡及钙化性结节形成。病羊表现顽固性下痢与便秘交替发生，粪便中常带有黏液、脓液或浅红色血液；病羊逐渐消瘦、贫血，羔羊发育不良，多因营养衰竭而死亡。

2.诊断要点

（1）根据发病季节、发病地区、发病日龄、黏液性下痢临床表现及剖解大肠肠壁结节状病变可初步诊断。

（2）检查肠道结节虫，羔羊达到80~90条，成年羊达到200条以上时可确诊为本病。

（3）该病应与羊副结核病鉴别诊断。羊肠道副结核也可在肠壁出现钙化结节（珍珠病），但结核结节为独立性结节，与肠壁无孔道。副结核多发生于2岁以上成年羊，呈顽固性水泻，在胃大网膜及肠壁上呈现独立性钙化灶。两种疫病均在舍饲绵羊中发生，放牧羊群很少发生，除非存在混合感染，否则在肠道中较少发现线虫。

3. 防治要点

常发羊群可在入秋前采用丙硫苯咪唑、盐酸左咪唑，按每千克体重5~10mg口服驱虫。

（四）副结核病

本病是由副结核分枝杆菌经消化道感染引起成年绵羊的一种慢性接触性传染病。临床上以间歇性发热、顽固性腹泻及渐进性消瘦为特症，又称Johne's病，是OIE规定法定检疫的B类动物疫病。

1. 病因

（1）副结核分歧杆菌为革兰氏阳性小杆菌，呈抗酸染色特性，菌体染成红色。该菌对营养要求高，生长缓慢，对外界环境因子的抵抗力较强，在水和肥料中可存活270天。病原菌主要存在于感染羊的粪便中，侵入肠道后定居于肠黏膜、肠系膜淋巴结与肠内容物中。羊感染后可产生迟发性超敏反应，与禽结核菌的抗原发生交叉反应。因此，常用禽结核菌素进行羊的副结核病检疫。

（2）该病多发生于舍饲绵羊群中，以2岁以上成年羊多发，各种品种绵羊、山羊均发，但肉用粗毛羊多发，新引进的羊只常引起暴发。1999年新疆某地区羊场在引进的300余只成年小尾寒羊中发生，先后发病死亡百余只，经细菌学及禽结核菌素皮内变态反应确诊。

（3）本病的潜伏期不定，十余天至数月。发病率1%~20%。发病羊表现间歇性发热、顽固性腹泻、渐进性消瘦、贫血，多数病羊因营养性衰竭最终死亡，病程1~2个月不等。剖检可见尸体消瘦，病变仅限于消化系统，大肠、胃壁浆膜可见苍白、坚硬的结节，肠系膜淋巴结肿大、坚实、苍白，回肠、盲肠和结肠黏膜增厚。

2. 诊断要点

（1）根据发病绵羊品种、年龄、是否引进羊只，临床表现与剖检变化可做出初步诊断。

（2）采集腹泻羊直肠棉拭子、死亡羊大肠黏膜刮取物或肠系膜淋巴结涂片抗酸染色镜检，发现分枝杆菌时可确诊。因该菌营养要求较高，培养时间较长，常不进行分离培养。

（3）采用禽型结核菌素对可疑发病羊进行颈部皮内变态反应，阳性者可作为确诊该病的依据；也可用ELISA检测方法。

（4）该病应与胃肠线虫病进行区别诊断，以检测肠道虫体及数量作为主要鉴别指标。

3. 防控要点

采用净化与根除是控制本病最经济、有效的措施。

（1）屠宰所有表现临床症状及副结核菌素阳性的羊只。

（2）对曾饲养过发病与感染羊只的圈舍、运动场进行彻底的消毒，包括粪便的清除与杀菌处理、地面消毒、羊舍闲置12个月。

（3）检查与检疫阴性的假定健康羊只移入经消毒和清洁的羊舍，并定期进行观察。

（4）严格从发病区引进羊只，做到引进羊只的检疫、隔离观察。

由于本病病程较长，治愈率低，且易造成扩散，因此无治疗价值。

（五）沙门氏菌性痢疾

本病是由伤寒沙门氏菌经消化道感染引起绵羊、牛、家禽和人的一种急性接触性传染病，临床上以急性胃肠炎、腹泻和败血症为特征，在全舍饲育肥羔羊群中多发。

1. 病因

（1）伤寒沙门氏菌为革兰氏阴性兼性厌氧菌，存在于带菌绵羊及鸟类肠道中，在潮湿的羊舍、粪池、污染的饲料和饮水中可

存活几周，绵羊经过采食污染的饲料和饮水而感染。进入肠道的沙门氏菌迅速生长繁殖，部分细菌死亡后细胞壁破裂而释放出脂多糖（LPS），后者刺激肠黏膜引起强烈的肠蠕动导致腹泻、脱水和酸中毒；另一部分细菌穿过肠黏膜进入淋巴结、脾、肝引起败血症。

（2）本病多发生于从草场向育肥场转运后育肥的最初几周，2~6月龄羔羊发病率较高，以早秋和多雨季节常发。环境应激及饮用被病原菌污染的饮水是诱发本病的主要因素，长途运输、转场、不良气候刺激、饥饿、圈舍潮湿、拥挤等导致羔羊抗病力下降时多发。查明发病诱因有助于本病的诊断与防治。

（3）发病羔羊表现体温升高40~41℃，精神沉郁，拒食，排出黏液状带血液的恶臭稀便，低头拱背、虚弱和消瘦，经1~5天病程后死亡，部分病羔可在2周后康复。发病率20%~30%，病死率25%~35%。

（4）剖检病死羊可见尸体组织脱水，肛门附着黏液状粪便，其胃及肠道空虚，黏膜充血、坏死和增厚，肠系膜淋巴结肿大充血，脾脏、胆囊肿大，肝表面有白色坏死灶，心内膜及心外膜有出血斑。

2. 诊断要点

（1）根据本病发生于集中育肥的2~6月龄羔羊，具有运输、转场、不良气候刺激等诱发因素；发热、黏液状腹泻临床表现及剖检所见败血症病变可初步诊断。

（2）无菌采取肝、胆囊、脾、肠系膜淋巴结、心血接种于LB或BHI肉汤，培养物涂片革兰氏染色镜检为革兰氏阴性小杆菌，再将培养物接种于麦康凯琼脂平板后根据菌落特征进一步确诊。

3. 防控要点

消除发病诱因，避免不良刺激和改善饲养环境是预防本病的主要措施。羔羊在运输前几天及运输到达后，给予优质干草、清洁的饮水及卫生良好的圈舍；对引进、转入羊群隔离观察两周，必要时于饮水中投服喹诺酮类抗生素，以减少本病发生。发病羊早期治疗有一定疗效，但治愈率不高。

（六）球虫性腹泻

该病是艾美尔球虫经消化道感染引起围栏育肥羔羊的一种接触传染性原虫病，临床上以出血性腹泻为特征。

1.病因

（1）致羔羊球虫性腹泻的艾美尔属球虫主要包括雅氏艾美耳球虫、浮氏艾美耳球虫、阿氏艾美耳球虫和错乱艾美耳球虫四种致病性虫种，多数以混合感染。随粪便排出的卵囊在外界气温适宜下形成带有孢子的传染性卵囊，卵囊经饮水和饲草进入羔羊的肠道，释放出子孢子，后者进入肠黏膜细胞、肠壁固有层细胞及毛细血管基底膜细胞中形成裂殖体，并造成肠黏膜细胞坏死、溃疡、出血、浆液性及纤维素性炎症。炎症反应加快肠蠕动而引起腹泻、脱水、酸中毒、贫血、低蛋白血症与休克死亡。

（2）该病多发生于秋季，呈地方性流行。在羔羊断奶前后（2~3月龄）及围栏育肥初期多发。潜伏期1~3周。病羔表现出血性腹泻，来自直肠病变的便血多为鲜红色，而来自盲肠、结肠的血液常呈发暗与粪便混合。病羊精神沉郁、卧地不起、消瘦、贫血。发病率10%~50%，病死率10%，病程1~2周。

（3）本病的解剖变化仅局限于肠道。病死羔羊肛门周围附着带血、坏死组织的粪便，恶臭，常有蝇蛆。结肠、盲肠、直肠黏膜溃疡、坏死、出血，坏死性结节呈白色，在浆膜面及黏膜表面均可见坏死组织表面附着浆液性和纤维素性渗出物。

2.诊断要点

（1）根据发病季节，发病日龄，血便，贫血及肠黏膜和肠壁的坏死性变化可初诊。

（2）刮取病变肠黏膜涂片镜检，发现大量无色、淡黄色或灰褐色卵圆形，有孔或盖的卵囊及不同发育期的裂殖子时可确诊。

（3）该病常无发病诱因。通常缺乏持续的发热及全身败血症变

化可与沙门氏菌性腹泻区别。

3. 防控要点

避免育肥期羔羊食入卵囊是预防本病的关键。保持圈舍卫生、干燥，提供清洁、卫生的饮水和饲草。必要时可从育肥的2~4周时，在饲料或饮水中加入不能被肠道吸收的磺胺药物，连续7~10天。羊群发病时应严格隔离患病的羔羊，并对羊舍地面进行彻底消毒，保证地面干燥。

九、种公羊泌尿生殖系统疾病

（一）尿结石

本病是公羊的一种代谢性结石症，以尿道内形成矿物质结石，致使输尿管阻塞，临床上表现尿潴留及膀胱和输尿管破裂为特征。本病是种公羊和育肥场中公羔的一种高发病之一。在羔羊育肥中期直接引起羔羊死亡或胴体不足而紧急屠宰等造成一定经济损失。

1. 病因

（1）育肥羔羊采食80%以上精料如玉米、棉籽饼、麸皮、高粱等造成尿中磷酸镁铵和低分子量肽水平过高时。

（2）饲料中钙与磷的比例1∶1，磷与镁的含量过高时。

（3）育肥期羔羊运动不足，造成排尿量减少时。

上述原因使尿中钙、镁阳离子和磷酸盐阴离子结合聚集形成结石，并堵塞在公羊尿道S状弯曲和尿道突处，引起输尿管和膀胱积尿，导致膀胱破裂，尿流入腹腔，最终引起尿毒症死亡。

2. 诊断要点

病羊表现不安、踢腹、少尿或无尿，腹部膨胀，病死羊腹腔积尿，尿道内发现结石即可确诊。

3. 防治

（1）以谷物精料为主要日粮的育肥场，应在育肥开始时在饲料中添加1%的绵羊防尿结石专用添加剂至出栏。

（2）在配制育肥羊饲料时，应注意饲料中钙与磷含量比不能低于2∶1。常发病育肥场应控制麸皮、高粱等高磷饲料的用量。适当添加苜蓿粉或1%的氯化铵，并给予充足清洁的饮水。

（3）育肥场内应设必需的运动场以保证羔羊每天有2~3h的运动。

发病种公羊可经外科手术切除被结石阻塞的尿道。

（二）传染性附睾炎

该病是由绵羊种布鲁氏菌（*Brucella ovis*）通过交配而引起的公羊一种急性或慢性传染病，临床上以患病公羊精液变性、精细胞肉芽肿及附睾肿大为特征。20世纪80年代初期，新疆在引进的澳大利亚种公羊群中发生并从病原学确诊本病，此后在新疆部分地区细毛公羊中散发，随着人工授精的推广应用该病已较少发生。

1. 发病原因

绵羊种布鲁氏菌主要存在于感染公羊的精液和附睾中，在交配期间病原菌附着于公羊的阴茎、包皮、会阴部及口鼻、眼结膜上，公羊经互相接触、同性爬跨及与生殖道带菌的母羊交配时感染。

不同品种的公羊均易感，但以美利奴公羊的发病率最多，新引进的公羊易感性较高，患病公羊如不及时淘汰可使该病长期存在，在实施自然交配的牧场中不断发生。

2. 诊断要点

（1）临床检查：检查公羊站立时，一侧或两侧睾丸肿胀，触诊发热、水肿和敏感，附睾尾部增大3~4倍，初期柔软后期坚实，急性病例病程2~5周，慢性者可达1~2年或更长。

（2）精液形态检查：精液显微镜检查可见精子数量明显减少，头尾分离、尾巴歪斜与盘曲形态的精子。精液中常有粒细胞及脱落的上皮细胞存在。

（3）精液特异性抗原检查：将精液涂片，采用基于绵羊种特异性抗体的免疫荧光抗体技术（直接法或间接法）检测精液中的特异性抗原。

3. 防控

做好种公羊健康检查，及时隔离淘汰可疑病羊是预防本病的主要措施。每年春秋两次检查公羊的睾丸及精液品质，可疑患病公羊应及时隔离并进一步检疫、淘汰。新引进种公羊及新选育的公羔羊应单独隔离饲养，尤其不能与可疑感染的老公羊混养，防止交叉感染。

据国外报道，用羊种布鲁氏菌Rev.1活菌苗免疫公羔羊，可有效预防公羊的传染性附睾炎。但在实施羊群布鲁氏菌病控制与净化计划的地区，种公羊群一般不实施布鲁氏菌疫苗接种。除非属名贵、有价值的公羊，可在感染早期采用抗生素集中用药3周，可能消除感染并改善精液品质，而对附睾已坚硬、纤维化的患病羊则失去治疗价值。

附录

附录一　绵羊生理及血液化学正常值

体温：39~39.5℃

呼吸：19次/min

心率：75次/min

日排粪量：0.9~2.7kg

日排尿量：10~40ml/kg体重

……………………………………………………………………

尿氮：8~20mg/100ml血液

葡萄糖：30~60mg/100ml血液

Ca^{2+}：8~12mg/100ml血液

PO_4^{3-}：4~8mg/100ml血液

Mg^{2+}：24~60mg/L血液

Na^{+}：3 450~3 680mg/L血液

K^{+}：136.5~214.5mg/L血液

Cl^{-}：3 550~4 082mg/L血液

尿pH值：6.4~8.0

……………………………………………………………………

白细胞：$5\sim13\times10^3/mm^3$

中性粒细胞：$0.7\sim6\times10^3/mm^3$

淋巴细胞：$2\sim4\times10^3/mm^3$

嗜酸性白细胞：$0\sim1\times10^3/mm^3$

单核细胞：$0\sim0.75\times10^3/mm^3$

红细胞压积（PCV）：25%~50%

血红蛋白浓度（HGB）：9~16g/100ml

红细胞数（RBC）：（8~16）$\times10^6$/ml

红细胞平均体积（MCV）：25~50ml $\times10^{-12}$

红细胞平均血红蛋白浓度（MCHC）：30%~38%

附录二　养羊场常用疫苗及用途

（1）口蹄疫灭活疫苗：用于预防口蹄疫。成年母羊配种前接种、羔羊断奶时接种，其他绵羊每隔4个月接种一次。免疫期4~6个月。

（2）小反刍兽疫弱毒疫苗：用于预防小反刍兽疫，成年羊于配种前免疫接种，羔羊于1~2月龄接种。免疫期3年。

（3）羊痘鸡胚化弱毒细胞苗：用于预防绵羊痘，无论年龄大小一律在尾内侧或股内侧皮内注射0.5ml。免疫期1年。

（4）羊口疮弱毒疫苗：用于预防羊口疮。羔羊断奶前后，购进羔羊育肥前免疫接种。曾发病羊场羔羊3日龄接种。尾内侧或股内侧皮内注射0.5ml。免疫期1年。

（5）羊梭菌二联四防灭活菌苗：用于预防羊肠毒血症、羊猝狙、羔羊痢疾和羊快疫。羔羊断奶前，育肥前，母羊配种前免疫接种。羔羊肌肉注射3ml，成年羊肌肉注射5ml，免疫期6个月。建议常规免疫。

（6）绵羊肺炎支原体灭活疫苗：用于预防绵羊传染性胸膜肺炎。羔羊20~25日龄肌肉注射2ml，间隔14天再接种1次。免疫期4~6个月。可选用。

（7）布鲁氏菌S_2或M_5弱毒苗：用于预防绵羊布鲁氏菌病。生产母羊在配种前1~2个月使用S_2弱毒苗口服免疫。M_5可用于空怀母羊、育成羔羊，采用皮下注射免疫。禁止使用于怀孕母羊。操作时注意个人防护。可选用。

（8）无毒炭疽芽孢苗：用于预防绵羊炭疽。尾部皮下注射0.5ml，免疫期1年。怀孕母羊不得注射。可选用，建议放牧绵羊常规免疫。

附录三　养羊场常备保健及防疫用药物

一、保健制剂

（1）亚硒酸钠–维生素E注射液：防治羔羊白肌病

（2）右旋糖苷铁（牲血素）–亚硒酸钠注射液：羔羊补铁、补硒

（3）维丁胶钙：羔羊补钙

（4）葡萄糖注射液（5%、10%、25%）：能量补充

（5）复方氯化钠注射液（林格氏液）：离子平衡

（6）碳酸氢钠注射液：纠正酸中毒

（7）葡萄糖酸钙注射液：母羊补钙

（8）维生素C、维生素B_1注射液：抗应激

（9）氯化钠注射液（生理盐水）：抗生素及疫苗稀释剂

（10）葡萄糖氯化钠注射液：常规输液

（11）硫酸镁注射液：镇静解痉

（12）口服补液盐：防治羔羊腹泻所致脱水

（13）小苏打粉：青贮玉米、高粱等添加物

（14）矿物质微量元素舔食砖：钙、磷及微量元素补充

（15）维生素A、维生素D_3、维生素E添加剂：免疫调节

二、防病类药物

（1）抗菌类药物：青霉素、氨苄青霉素、头孢菌素类、泰乐菌素、硫酸链霉素、硫酸卡那霉素、硫酸庆大霉素、硫酸新霉素、盐酸土霉素、氧氟沙星、恩诺沙星、氟苯尼考、替米考星、阿奇霉素、磺胺嘧啶钠（SD）、磺胺二甲嘧啶（SM2）。

（2）抗寄生虫类药物：三氮脒（贝尼尔、血虫净）、黄色素（锥黄素）、丙硫苯咪唑、吡喹酮、左咪唑、氯硝柳胺、伊维菌素、螨净、敌百虫。

（3）化学消毒剂：75%酒精、2%–5%碘酊、碘仿、新洁尔灭、

次氯酸钠、百毒杀、过氧乙酸、氢氧化钠（烧碱）、氧化钙（生石灰）、福尔马林、络合碘。

（4）其他需贮备的药物：地塞米松注射液（抗炎、抗过敏）、盐酸肾上腺素（抗休克）、安络血（止血药）、硫酸阿托品（平滑肌解痉药）、解磷定（有机磷中毒解毒药）、枸橼酸钠（抗凝血药）、催产素（缩宫素）、己烯雌酚（雌激素）、孕马血清（催情）、黄体酮（孕酮、保胎）。

附录四　养殖企业（基层）兽医检验室常用仪器及材料名目

一、仪器类

超净工作台；恒温培养箱；普通冰箱；冷藏箱（疫苗、生物制剂等存放）；恒温水浴箱；高压消毒器；电热干燥箱；微量震荡器；离心机（普通）及配套离心管；奥林帕斯双目生物显微镜（带光源）；组织捣碎机；酶联免疫测定仪；可调式移液枪（250μl、500μl）及枪头；微波炉；台式电脑；纯水仪。

二、器皿类

量筒（50ml、200ml、500ml）；试管（1.2cm×8cm）；平皿（9cm）；三角烧瓶（100ml、200ml、500ml)；烧杯（100ml、250ml）；玻璃漏斗；载玻片、盖玻片；刻度吸管（1ml、5ml）；96孔微量血凝板（V型、U型）；接种棒;大动物解剖器；外科刀、剪、镊；一次性注射器（2ml、5ml、10ml）;温度计;铁三角架;酒精灯；试管架;试管刷；带盖搪瓷盘;染色缸。

三、试剂、药品类

营养琼脂；麦康凯琼脂；姬姆萨染色液；革兰氏染色液（全套）；瑞氏染色液；精液稀释液；无水乙醇；95%乙醇；氯化钠；磷酸氢二钠；磷酸氢二钾；苛性钠；枸橼酸钠；甲醛；新洁尔灭；镜油；二甲苯。

四、杂物类

油性记号笔；玻璃蜡笔；氧化锌胶皮膏；线绳；肥皂；洗衣粉；凡士林；钢精锅；橡皮乳头；洗球；铁丝筐；洗瓶；塑料方瓶；橡皮手套；乳胶手套；工作服；一次性无菌口罩；滤纸；纱布；脱脂棉；药匙；pH试纸；擦镜纸；标本盒；玻璃珠；L型玻璃棒；磨口试剂瓶；滴管；灭菌棉拭子；记录本；应急防护服；广口瓶；水桶；洗脸盆。

参考文献

陈玉，刕根强，韩文星，等. 2007. 绵羊及其环境中肠球菌生态分布的调查研究[J].动物医学进展（12）：47–51.

丁国婵，何传雨，王静梅，等. 2011. 盘羊刚果嗜皮菌的分离与鉴定[J]. 中国畜牧兽医（4）：191–193.

甘孟侯，蒋金书. 1988. 畜禽群发病防治[M]. 北京：中国农业大学出版社.

韩文星，陈玉，王静梅，等. 2009. 绵羊嗜皮菌病PCR诊断方法的建立[J]. 中国兽医学报（1）：49–51.

蒋建军，刕根强，王鹏雁，等. 2001. 应用PCR方法鉴别绵羊致病性单核增多症李氏杆菌[J]. 新疆农业科学（z1）：195–196.

蒋建军，刕根强，王鹏雁，等. 2006. 新疆绵羊致病株李斯特杆菌分离与鉴定[J].中国预防兽医学报（6）：614–617.

蒋建军，刕根强，王鹏雁，等. 2006. 应用PCR方法鉴别绵羊产单核细胞李氏杆菌[J]. 西北农业学报（1）：33–35.

蒋建军，刕根强，王鹏雁，等. 2006. 应用PCR方法鉴别绵羊致病性单核细胞增多症李氏杆菌[J].黑龙江畜牧兽医（7）：78–79.

冷青文，李志远，鲁海富，等. 2014.盘羊体内绵羊肺炎支原体的分离和鉴定[J].中国预防兽医学报（3）：197–200.

刘良波，韩玉霞，孙焕林，等. 2013. 天山北坡放牧绵羊面部湿疹的临床病理学研究[J]. 畜牧兽医学报（9）：1 481–1 486.

刘良波，张豫，孙志华，等. 2014. 天山北坡绵羊面部湿疹高发草场病原真菌分离及PCR–DGGE分析[J]. 畜牧兽医学报（10）：1 718–1 725。

陆承平. 2009. 兽医微生物学[M]. 北京：中国农业出版社.

马勋，刕根强. 2000. 致绵羊脑炎单核细胞增多症李氏杆菌的分离与鉴定[J]. 中国兽医科技（3）：26–27.

欧都·吾吐那生，齐亚银，李岩，等. 2015. 羊流产胎儿弯曲杆菌的分离鉴定及动物感染试验[J]. 黑龙江畜牧兽医（10）：94–95, 229.

齐亚银，刕根强，王静梅，等. 2005. 致羔羊脑炎型粪肠球菌的分离及鉴定[J].石河子大学学报：自然科学版（2）：200–202.
齐亚银，剡根强，王静梅. 2006. 致羔羊脑炎链球菌的部分生物学特性[J]. 中国兽医杂志（3）：20–22.
司俊强，杨素芳，梁田，等. 2017. 新疆绵羊肺腺瘤病临床诊断与组织病理学观察[J]. 畜牧兽医杂志（3）：119–122, 125.
田晶华，剡根强，马勋，等. 2005. 绵羊李氏杆菌病病理学观察[J]. 中国兽医杂志（12）：19–20.
王静梅，韩文星，齐亚银，等. 2008. 绵羊嗜皮菌病间接免疫酶标组织化学检测方法的建立[J]. 石河子大学学报：自然科学版（3）：307–310.
王丽，剡根强，王静梅，2006. 绵羊自然感染附红细胞体对绵羊红细胞的影响[J].石河子大学学报：自然科学版（1）：108–111.
王一明，剡根强，等. 2008. 一例萨福克羊溶血性巴氏杆菌病的诊治[J]. 上海畜牧兽医通讯（1）：118–119.
王一明，张海兰，李静，等. 新疆部分地区绵羊及其环境中单核细胞增多性李氏杆菌分布状况的调查[J]. 家畜生态学报（3）：90–92.
邢伟元，王静梅，剡根强，等. 2013.致羔羊脑炎粪肠球菌的分离鉴定[J].动物医学进展（2）：127–130.
剡根强，邓先德，马志新，等. 1992. 羔羊肝肺坏死杆菌病的诊断[J]. 甘肃畜牧兽医（1）：14–15。
剡根强，马维卿，郭镇华，等. 1990. 羔羊肺炎链球菌感染的诊断[J]. 中国畜禽传染病（2）：24–25.
剡根强，马勋，张银国，等. 2001. 新疆部分地区绵羊李氏杆菌病流行特点分析[J].中国兽医科技（12）：41–42.
剡根强，张秀萍，王静梅，等. 2007. 绵羊刚果嗜皮菌的分离鉴定及某些生物学特性研究[J]. 中国预防兽医学报（5）：332–335.
剡根强，张银国，于磊，等. 2001. 放牧绵羊光过敏症的调查与预防[J]. 新疆农业科学（z1）：186.
剡根强，张银国，赵远良，等. 2001. 肉用美利奴羔羊肺炎链球菌感染的诊

断与防治[J]. 新疆农业科学（z1）：184–185.
刿文亮，冯广余，杨铭伟，等. 2016. 致萨福克羊呼吸道感染绵羊肺炎支原体的分离鉴定[J]. 石河子大学学报：自然科学版（3）：291–294.
杨素芳，梁田，赵庆亮，等. 2015. 新疆绵羊肺腺瘤病理学诊断与全基因组序列分析[J]. 病毒学报（3）：217–225.
杨素芳，司俊强，郑启伟，等. 2015. 新疆部分地区绵羊肺腺瘤病流行病学调查[J]. 石河子大学学报：自然科学版（5）：568–573.
杨霞，刿根强，王静梅，等. 2004. 新疆部分地区绵羊及青贮饲草中单核细胞增多性李氏杆菌的调查[J]. 中国兽医杂志（8）：19–20.
詹森 R. 1980. 绵羊的疾病[M]. 邓普辉 译. 乌鲁木齐：新疆人民出版社.
西格芒德. 1984. 默克氏兽医手册[M]. 南昌：江西人民出版社.
张居农，刿根强. 2001. 高效养羊综合配套新技术[M]. 北京：中国农业出版社.
赵新斐，尚文婧，王静梅，等. 2012. 新疆绵羊及其环境中李氏杆菌的生态分布多样性调查[J]. 畜牧与兽医（1）：28–32.